数字艺术设计系列教材
SHUZI YISHU SHEJI XILIE JIAOCAI

室内设计效果图表现技法

主 编 任 虎
副主编 张 蕾 王兆卓 谭婕姝 孟广宇

内　容　提　要

室内设计效果图表现技法是建筑学、环境艺术设计、园林绿化、城市规划等学科的一门重要的基础课程。室内设计效果图是设计师表达设计意图、与甲方沟通及同行交流的一种最直观、最快捷的表达形式，所以，无论是美术学院还是综合性普通院校都把马克笔建筑表现图作为主要学习科目。室内设计效果图表现涵盖了水粉表现技法、水彩表现技法、马克笔表现技法和电脑表现技法等几种方式，并且都有各自的绘制技术、艺术特色和表达语言。

本书的内容组织突出实用性、系统性，把学习室内设计效果图表现技法的各个教学环节作为阐述的主要对象，能够使学生在较短的时间内掌握基本的绘制技术，最终是如何通过正确的方法来提高室内设计效果图表现的绘制能力和审美能力。全书理论组织严谨，教学方法规范。

本书蕴涵了作者多年的教学经验及工程方案设计能力，既可以作为大中专院校环境艺术设计和建筑装饰专业的教材，也可供从事室内设计、建筑设计、园林绿化、城市规划等设计人员作为学习的参考资料。

图书在版编目（ＣＩＰ）数据

室内设计效果图表现技法 / 任虎主编. -- 北京 :
中国水利水电出版社, 2010.9
数字艺术设计系列教材
ISBN 978-7-5084-7938-5

Ⅰ. ①室… Ⅱ. ①任… Ⅲ. ①室内设计－建筑制图－技法（美术）－教材 Ⅳ. ①TU204

中国版本图书馆CIP数据核字(2010)第186357号

书　名	数字艺术设计系列教材 室内设计效果图表现技法
作　者	主　编　任　虎　副主编　张　蕾　王兆卓　谭婕姝　孟广宇
出版发行	中国水利水电出版社 （北京市海淀区玉渊潭南路1号D座　100038） 网址：www.waterpub.com.cn E-mail：sales@waterpub.com.cn 电话：（010）68367658（营销中心）
经　售	北京科水图书销售中心（零售） 电话：（010）88383994、63202643 全国各地新华书店和相关出版物销售网点
排　版	北京零视点图文设计有限公司
印　刷	北京鑫丰华彩印有限公司
规　格	210mm×285mm　16开本　12.75印张　307千字
版　次	2010年9月第1版　2010年9月第1次印刷
印　数	0001—3000册
定　价	48.00元

工业和信息化部中国电子视像行业协会
中国数字艺术设计专家委员会

张　鹏：沈阳师范大学艺术学院院长
张　蓓：天津科技大学艺术设计学院院长
张玉新：宁波大学艺术学院副院长
张建翔：西华大学国际动画艺术学院副院长
张英杰：东北师范大学美术学院动画系副主任
张群力：北京城市学院信息学部教研室主任
张锦华：北京城市学院信息学部教研室主任
杨鲁新：青岛恒星职业技术学院动画学院院长
杨　明：安徽电子信息职业技术学院艺术系主任
杨建红：湖南工艺美术职业学院高级工艺美术师
吴让红：武汉商贸职业学院艺术设计教研室主任
杜　兵：天津轻工职业学院艺术设计教研室主任
周绍斌：浙江师范大学美术学院院长
武　军：天津美术学院动画艺术系主任
武小明：山西大学美术学院媒体工作室主任
赵晓春：青岛农业大学传媒学院院长
苏大椿：重庆正大软件职业学院数字艺术系主任
郑　鼎：云南大学艺术与设计学院数码艺术系主任
范旺辉：广州大学华软软件学院数码媒体系主任
容旺乔：南京师范大学动画系副主任
钱为群：上海出版印刷高等专科学校艺设系主任
侯　健：北京城市学院信息学部主任
姜　滨：江西师范大学传播学院副教授
韩明勇：天津科技大学艺术设计学院动画系主任
饶　晶：江西陶瓷工艺美术职业学院动画系主任
袁晓黎：金陵科技学院动画系主任
高立峰：南京艺术学院传媒学院动画系主任
高　博：福建农林大学艺术学院动画系主任
盛　晋：南京艺术学院传媒学院动画系副主任
常　虹：浙江工业大学艺术学院院长
殷均平：宁波大红鹰学院数码艺术学院副院长
黄　凯：安徽工程科技学院设计艺术学院院长
黄　远：石家庄职业技术学院艺术设计系主任
梁海燕：上海大学数码艺术学院专业教师
淮永建：北京林业大学数字媒体系主任
曹　治：南昌航空大学艺术学院动画系主任
彭　军：天津美术学院设计艺术学院副院长
彭　纲：浙江师范大学文化创意与传播学院副院长
廖建民：湖南商学院设计艺术学院动画系主任
黎　青：湘潭大学艺术学院常务副院长
黎　卫：南宁职业技术学院艺术工程系主任
张小鹭：厦门大学艺术学院副院长
张继渝：重庆工商大学设计艺术学院副院长
张　苏：四川大学艺术学院副院长
张晓叶：东北师范大学美术学院动画系主任
张　辉：西安理工大学艺术与设计学院摄影系主任
张爱华：湖北工业大学艺术设计学院动画系主任
张　莉：南京工业职业技术学院艺术系主任助理
杨开富：重庆工商大学设计艺术学院动画系主任
杨定强：重庆大学艺术学院教研室主任
吴雪松：湖南大学数字媒体研究所艺术总监
杜静芬：中州大学艺术学院动画教研室主任
邵　斌：苏州科技学院传媒艺术学院动画系主任
周　艳：武汉理工大学艺术学院动画系主任
武　丹：桂林电子科技大学艺术学院院长
赵　前：中国人民大学艺术学院动画教研室主任
赵红英：河北科技大学动画学院动画系主任
屈　健：西北大学艺术学院副院长
郑　泓：浙江理工大学艺术与设计学院美术系主任
段新安：北京工商大学数字艺术制作中心主任
徐亚非：东华大学服装学院艺术设计学院副院长
钟　蕾：天津理工大学艺术学院副院长
贺蜀山：重庆科技学院培训中心主任
胡左英：南昌大学科技学院艺术系主任
贾秀清：中国传媒大学动画学院副院长
晓　欧：中央美术学院城市设计学院动画系主任
高春明：湖南大学数字媒体研究所所长
高中立：川音学院成都美术学院二维动画教研室主任
翁炳峰：福建师范大学美术学院副院长
卿尚东：重庆师范大学美术学院动画系主任
殷　俊：江南大学数字媒体学院副院长
黄心渊：北京林业大学信息学院院长
黄　迅：广州工业大学艺术设计学院动画系主任
梁　岩：吉林艺术学院新媒体学院副院长
梁亚琳：厦门理工学院艺术系主任
崔天剑：东南大学艺术学院副院长
程建新：华东理工大学艺术设计与传媒学院院长
彭　梅：浙江理工大学视觉传达系主任
谭建辉：阳江职业技术学院艺术系主任
漆杰峰：广东中山职业技术学院艺术设计系副主任
黎成茂：桂林电子科技大学设计学院动画系主任
濮军一：苏州工美职业技术学校数字艺术系主任

丛书序

数字艺术是计算机技术与传统艺术相结合的产物。随着计算机技术，尤其是计算机图像处理技术的发展，数字艺术这种新兴的艺术形式也得以飞速发展，其应用领域也越来越广泛。

“数字艺术设计”是以计算机及其相关技术飞速发展为背景孕育产生的交叉性专业方向，是科学与艺术的完美结合，具有很强的实用性与艺术性。本专业侧重培养学生在数字科技与艺术设计方面的整合能力，以及以用户体验为中心的创新设计能力。

本系列教材是中国水利水电出版社联合工业和信息化部中国电子视像行业协会，在推进中国数字艺术设计工程师专业技术资格认证的同时，面向高等院校、职业院校数字艺术设计领域推出的系统的、完整的大型系列教材。本系列教材目前涵盖的专业方向有：艺术设计、环境艺术设计、工业设计、动漫游戏、数码影视等。

本系列教材按艺术设计、动画、影视等专业的课程体系设置进行编写，并根据实际情况确定明确的培养目标，重构课程体系，改革教学方法，注重能力的培养，强调实践活动；教学思路明晰，结构科学合理，项目教学案例资料丰富，把创意表现与技术表现融为一体，使教学的系统性得到较为全面的展现；以案例教学的形式进行讲解与阐释，让读者形象、直观地了解数字艺术作品的创意设计与创作实践过程。

本系列教材努力在以下几个方面做出特色：

（1）紧密配合课程内容与课程体系改革和实验教学改革的要求。

（2）体现课程内容的基础性和系统性。

（3）内容通俗易懂，理论联系实际，使学生真正学到有用的知识。

（4）保证教材内容的先进性和实用性。

（5）重视教学资源的建设，提供多媒体教学课件和光盘资料。

希望本系列教材的编写与出版能够有力地推动数字艺术设计新课程体系的建立与发展，同时也能为数字艺术设计教育带来与时俱进的活力和生机。

参与本系列教材编写工作的都是具有多年一线教学实践经验的教师，很多教材是相关学校的“教改优质课程”和“精品课程”。在教材编写过程中，本着学术性、艺术性、示范性、实用性等多方面兼容的主旨，根据丰富的教学经验，广泛借鉴国内外相关资料，针对学习者的需求，多次征求专家的意见，对教材的编写进行了多次修改与完善。

很多人为本系列教材的编写做出了努力，付出了心血，由于到目前为止，一些专业方向仍然没有完善的教学体系与统一的教学大纲，加之新技术的发展速度很快，因此本系列教材一定会有各种不足与缺点，恳请使用教材的师生提出宝贵意见，以便再修订再版时改进。

丛书编委会

2010年3月

前言

室内设计效果图表现技法是建筑学、环境艺术设计、园林绿化、城市规划等学科的一门重要的基础课程。室内设计效果图表现是设计师表达设计意图、与甲方沟通及同行交流的一种最直观、最快捷的表达形式，所以，无论是美术学院还是综合性普通院校都把效果图表现作为主要学习科目。由于室内设计效果图是工程图纸的一种，它的绘画性仅仅作为表现设计意图的手段，因此脱离了设计方案单纯地追求绘画效果是不可取的。但是，这样说并非否定绘画技巧本身的重要性。恰恰相反，当我们利用绘画本身特有的语言形象地表达设计师们预想中的空间效果，这样的表现图更具有艺术感染力。另一方面，设计师在初期构思中能够快速地把多种方案展示给业主，特别是在工程现场对于总体方案中的局部改动时，能够在短时间内完成设计方案，这就更加体现了手绘的作用。所以，实践证明了传统的美术训练仍然具有旺盛的生命力。

近年来，随着我国计算机技术的发展，利用电脑绘制室内表现图在很大程度上占有一定的优势，如利用3ds max建模，利用Lightscape渲染，最后用Photoshop做后期修图，使建筑表现图的效果达到十分逼真的程度。无论是灯光设计、材料表现、场景气氛都能通过专业软件的运用达到设计师的意图，所以从高校到企业，利用计算机完成效果图的制作已经成为室内设计表现图中应用较为广泛的一种形式。

为了便于读者更好地掌握室内设计效果图的绘制能力，提高学生的表现图能力、审美能力，本书采用图文并茂的方式，尽可能做到简单、实用，哪怕是初学者都能通过本书掌握室内效果图的绘制技巧。

本书共分为3篇：第1篇为基础篇，主要阐述室内效果图的构成原理和学习方法；第2篇为手绘效果图表现篇，主要是用不同的工具、材料、方法以手绘的形式表现室内效果图；第3篇为计算机效果图表现篇，主要阐述如何通过计算机绘制室内表现图。

本书由任虎任主编，张蕾、王兆卓、谭婕姝、孟广宇任副主编。张蕾编写第1、2章，谭婕姝编写第3~5章，任虎编写第6、7章，孟广宇编写第8章，王兆卓、孟广宇编写第9、10章。本书的作者都是长期从事环境艺术设计教学的一线教师，有着丰富的工程实践经验。

由于编者水平有限，加之时间仓促，书中错误之处在所难免，敬请广大读者批评指正。

作者

2010年7月

目录

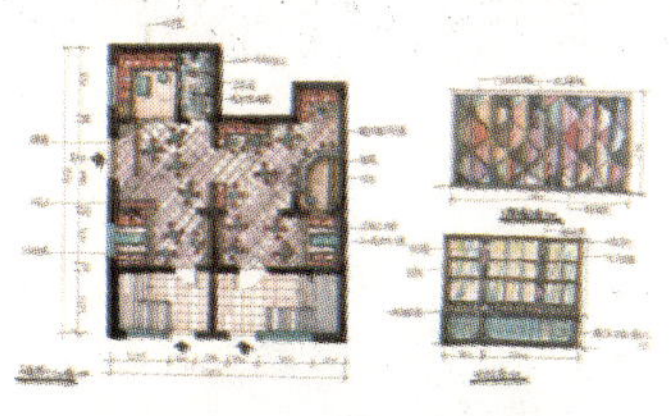

第2篇　手绘效果图表现篇

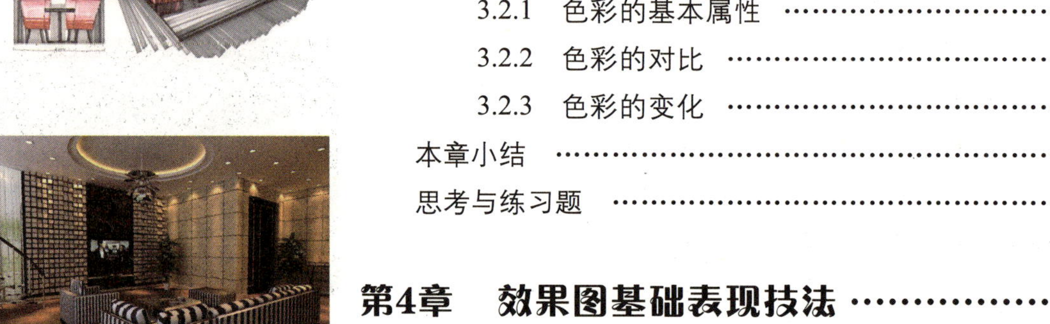

第1篇　基础篇

第1章 室内效果图表现概述

1

主要内容：

● 本章的主要内容是室内效果图表现概述，包括室内设计表现的特点、室内效果图表现的特点和学习室内效果图表现的基本方法三部分内容。

重点难点：

● 了解室内设计表现的特点。

● 了解室内效果图表现的特点。

● 了解学习室内效果图表现的基本方法。

学习目标：

● 掌握学习室内效果图表现的基本方法。

随着室内设计的发展，室内效果图表现作为室内设计表达的重要方式，已经成为现代室内设计师必修的专业课，在很多高校的环境艺术设计专业它也是学生学习的重点内容。在过去相当长一段时间内，很多人认为室内效果图表现仅仅是一种“深层次”的绘画，但经过近些年的实践证明，室内效果图是室内设计的一种延伸和深化。相信在今后的发展过程中，室内效果图表现将成为室内设计过程的一个重要的设计环节，尤其是它不仅仅是一种绘画，更重要的是一种设计的图解思考和创作过程，同时也是室内设计不可替代的过程环节和设计语言。

1.1　室内设计表现的特点

室内设计表现是一种记述思考和创作过程的图解表现形式，其表达形式和方法都有自己的特点，并且已经成为一门独立的设计语言。与室内设计的其他过程相比，室内设计表现虽然相对侧重于绘画表现，但由于它在视觉上具有很强的表现力，所以经常作为设计最终的表现形式出现，并得到大多数设计委托方和设计师的认同。作为独立设计语言的室内设计表现，其特征主要表现为：设计思想的视觉化、设计构思的图解化、设计内容的直观化、设计表达的丰富化。

1.1.1　设计思维的视觉化

室内设计表现的最初形态是表达室内设计师的设计思维，即用视觉化的图形表现设计的思考过程。众所周知，思维作为一种存储于人的大脑之中的活动，除了设计师本人以外，其他人无从知晓，但设计思维往往是最能体现设计灵感的部分，好的设计思维能够启发学习者对设计的思考。室内设计表现是设计师用视觉化的草图来记录思维。这种视觉化后的“思维”除了具有记录功能供其他人借鉴外，还能够帮助设计师本人在不断进行设计深化的过程中，反复地将不同思维进行比较，最终得到最佳的设计方案，如图1-1所示。

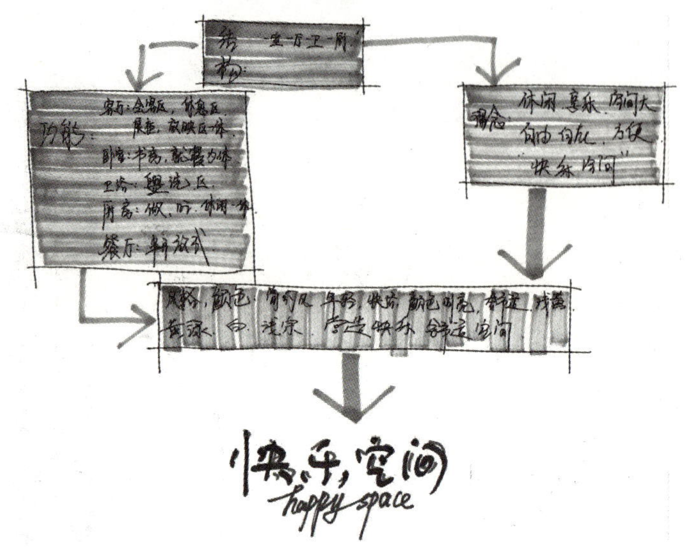

图1-1　记录设计思维的室内设计表现（常理）
居住空间设计思维的视觉化，用图形表现设计的思考过程。

1.1.2　设计构思的图解化

室内设计最重要的部分是设计构思，室内设计表现的另一个特征是用一种图解化的语言将设计过程中对功能、形态和空间的构想用图形进行解析，彼此相互间的关系也能够很好地进行调解。这种室内设计表现的设计构思图解化特征是一种最佳的设计方案讨论采用形式，如图1-2所示。

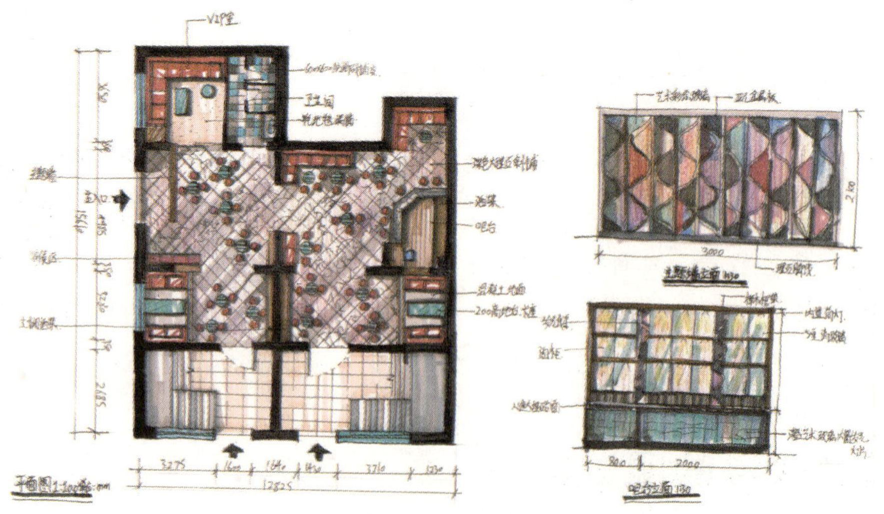

图1-2　图解设计构思的室内设计表现（王希胜）
对设计构思进行图解化的表达，在表达过程中加入对色彩的思考，增加构思的深度。

1.1.3 设计内容的直观化

室内设计表现的设计内容直观化特征是其最显著的特征。据研究表明，人们获取的信息80%来自于视觉，因此，室内设计表现将设计的内容以直观的图解形式进行表现能够使设计的内容更方便地被设计师用来讨论，被使用者用来评价，如图1-3所示。

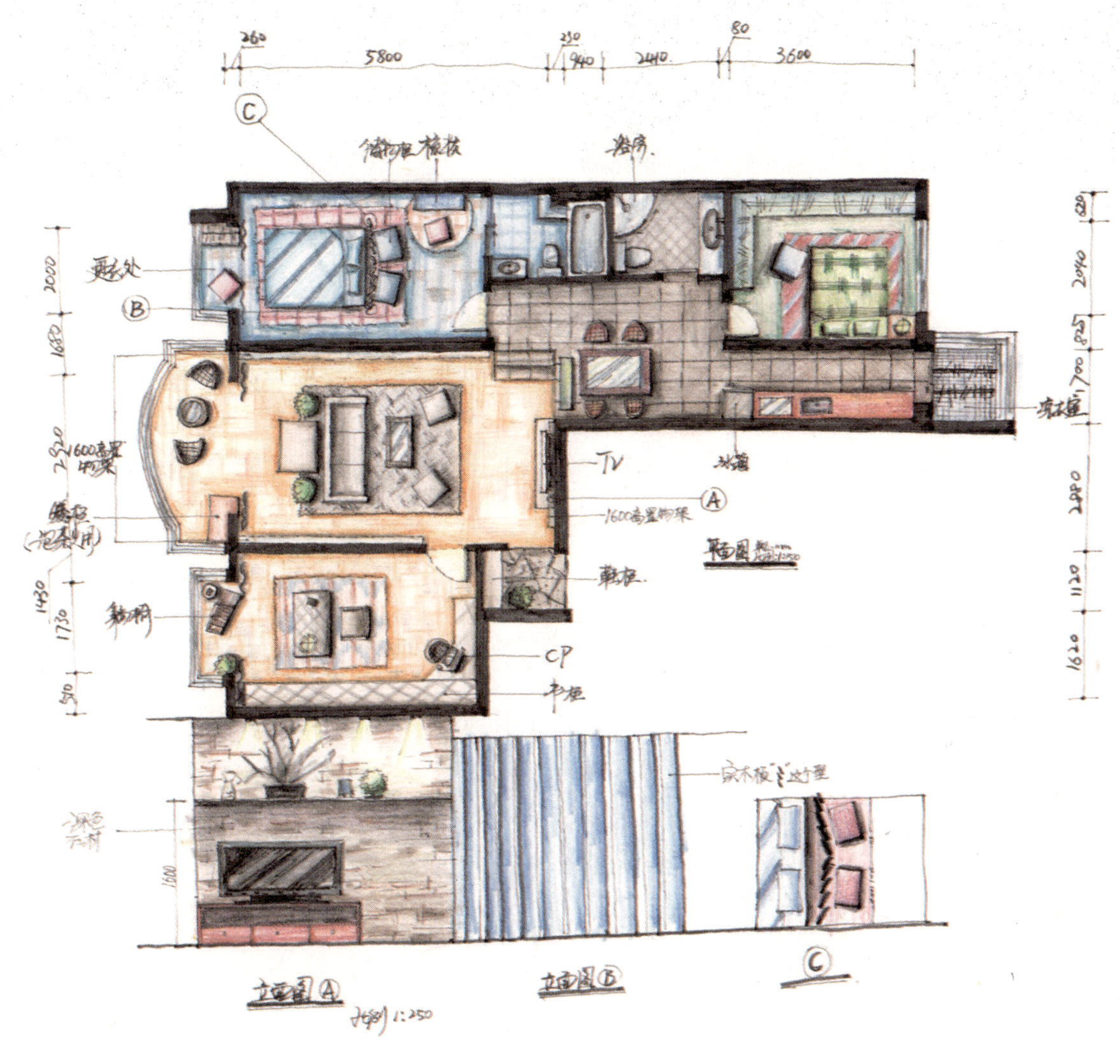

图1-3　图解设计内容的室内设计表现（黄冠华）
将设计内容直观、生动地以图解的形式表现出来，表达室内设计的完整内容。

1.1.4 设计表达的丰富化

随着科学技术的发展，计算机辅助设计的逐渐渗透，室内设计表现采用的表达方法也越来越多种多样。除了传统的手绘表现以外，又增添了计算机绘制的表达，因而呈现出表达效果丰富的特征。同时，还必须看到室内设计表现无论是手绘表现还是用计算机表现，它们各自都会因为各自使用工具的不同而呈现出更多的表达效果，如图1-4所示。

图1-4 计算机辅助表达的室内设计表现（祝丹）
计算机辅助设计的出现，对于处理过于繁复的设计造型具有颠覆性的意义。

1.2 室内效果图表现的特点

通常所说的室内设计表现可以分为两类：一是室内效果图表现，以全面完整的设计内容为主；二是室内设计过程草图表现，重点是思维和创作过程，主要以局部和全面的创作意向草图为主。本节主要介绍室内效果图表现的特点。

1.2.1 准确性

室内效果图表现作为设计的一个重要环节，为了表现设计的合理性和可行性就必须表达准确，这是设计的保证。具有了这种特征，室内效果图就能够在室内设计尚未建成时就给人以立体的、具象的、有空间层次和环境氛围的空间形态（如平面图、立面透视图等），供设计师、业主、领导、专家等推敲、研究、展示、评审之用，如图1-5所示。

图1-5 透视准确的室内效果图表现（刁博文）
手绘室内设计效果图的表现，准确的透视对设计表达发挥着重要的作用。图面中准确的透视关系使得室内效果图表现出严谨的设计风格。

1.2.2 真实性

室内效果图对不同材质、光影和色彩氛围的真实表现，实际上是在准确反映设计的基础上将室内设计用最真实的图示形式展现出来。目前，绝大多数业主对设计的认知仍然处于最初级的水平，换句话说，也就是他们对设计的认知仍然还必须依靠视觉化的设计图纸，而现代人消费观念日趋成熟的事实，这些都要求室内效果图表现必须具备真实性，如图1-6所示。

图1-6　真实表达的室内效果图表现

室内效果图真实性的特征越突出，越能被更多的大众所欣赏和感受。本图是一幅居住空间的室内效果图表现，给出了设计完成后趋于真实效果的表现，增加了设计的可行性。

1.2.3 审美性

室内效果图表现的审美性可以从两个方面来体现：其一是符合形式美的法则，即在创作和效果图表现过程中思维、创作、绘制等方面遵循装饰美的形式法则，如对称、平衡、韵律、节奏等，强调艺术语言的提炼、夸张，强调设计者对自然美的主观审美意识作用；其二是满足受众的审美需求，即根据不同使用人群的审美层次调整设计的审美属性，如25～30岁的年轻夫妻对居室的要求大多是现代简约审美范式，而50岁以上的中老年夫妻则更倾向于能够体现居室家庭属性的传统审美范式，室内效果图的审美倾向必须符合人群的定位和现代审美的嬗变，如图1-7所示。

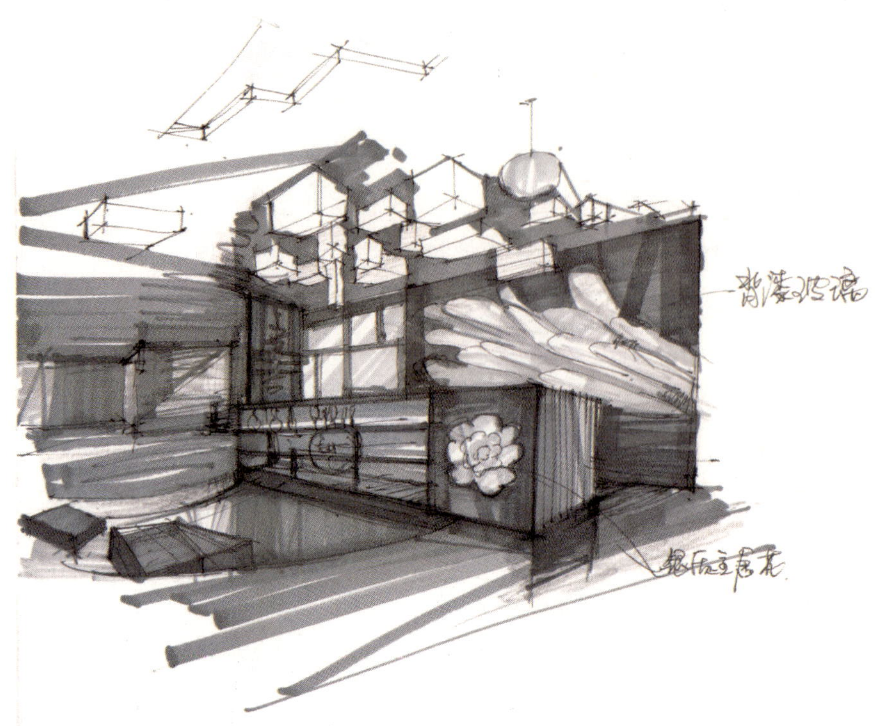

图1-7　室内效果图表现的审美嬗变（祝丹）

人们在对丰富的商业色彩产生了视觉疲劳后，表现出了对单一色彩的审美倾向，这种审美的嬗变也影响了室内效果图表现，同时单一色彩的室内效果图表现使得设计者更专注于室内空间的组织与界面设计，排除了对视觉表现的追逐。

1.3　学习室内效果图表现的基本方法

室内效果图表现的学习是有方法和步骤的，盲目地学习只能事倍功半，在这里从步骤和递进学习的角度重点介绍基本的方法。

1.3.1 临摹法

优秀的室内效果表现不是一蹴而就的，而是要靠日积月累形成的。学习室内效果图表现最简单、最快捷的入门方法就是临摹。通常，室内设计师通过一段时间的临摹练习能够掌握一定的表现技法和技巧。其中包括对全局、透视、比例的把握，尤其是进行手绘表现学习的时候，效果尤为明显。对室内效果图的临摹表现学习要从简到繁、从小到大，逐渐增加难度，有计划和步骤地进行临摹。开始学习时不能越过简单的内容，那样会欲速则不达。可以从一些局部的地方入手，进行小的节点和单体形象的练习，然后逐渐深入，加大强度和难度，一直到能够熟练地完成一幅完整的室内效果图。在临摹过程中还可以对构图和局部的处理方法进行学习。反复地练习，掌握一套完整的室内效果图表现语言，如图1-8所示。

图1-8 对室内效果图进行临摹训练（祝丹）
在初学阶段坚持临摹对构图、透视和技法的掌握非常有益。

1.3.2 写生法

单纯的临摹仅仅是学习室内效果图表现的第一步。在临摹的基础之上，为了更好地进行设计表现就必须进行写生法的学习。写生法可以从两个方面来进行：一是直接对建成的室内环境进行写生，通过肉眼观察，然后进行分析，选择恰当的角度和比例，熟练地按照透视法则对实际空间场景进行归纳、分析和创作；二是根据实景照片结合内容条件相似的样本进行室内效果图的绘制。从整体到局部刻画，从中学习构图的形式和处理方法。反复地绘制练习，基本上能够掌握一套完整的设计表现，这也是室内效果图学习最好的一种方法，如图1-9所示。

图1-9 根据实景绘制室内效果图表现训练（祝丹）

在临摹的基础之上进行室内效果图表现的写生训练，不仅是对观察和归纳能力的一种训练，还能够对技法和材质的表现进行训练。

本章小结

本章主要是从室内效果图表现的基础提出的，同时结合对基本室内设计构思、思维和表达的思考，明确了室内设计表现的特点。同时也详细地讲解了室内效果图表现的特点，以及学习室内设计效果图表现的基本方法，为后续具体的表现原理和方法做铺垫。

思考与练习题

1. 结合室内设计表现的特点，图解自己家的居住空间，在突出室内空间特点的基础上，画出空间的平面图、立面图和透视图。

2. 以一幅室内效果图作品为例，图解出它在表现上的特点，以图示的形式加以分析。

3. 以本章所讲的任何一种学习室内效果图表现的基本方法为基础，创作一幅室内效果图练习，表现出室内设计的涵义。

第2章 室内效果图的表现原理

2

主要内容：

● 本章的主要内容是室内效果图的表现原理，包括室内效果图表现的基本方法、形式处理和基本透视原理及规律三个方面的内容。

重点难点：

● 掌握室内效果图表现的基本方法。

● 掌握室内效果图的形式处理。

● 掌握室内效果图表现的基本透视原理和规律。

学习目标：

● 掌握室内效果图的形式处理。

室内效果图作为设计的直观感受，是人们了解设计的基础和最直接的方式。根据科学研究，人通过视觉获取的信息占拥有信息总量的80%。由此可见，室内效果图表现在设计实施过程中的重要性，而掌握室内效果图表现的表现原理也就成为室内设计者进行室内效果图表现必须具备的能力。

2.1 室内效果图表现的基本方法

室内效果图表现是设计表现的一个重要组成部分，学习设计表现的同时也要掌握室内效果图表现的方法。

2.1.1 选择最佳的透视角度

绘制室内效果图最重要的是选择一个最佳的透视角度，以便合理地进行构图，如图2-1所示。其中，如果视点确定得过低，则效果图中的顶棚较大，整体的表现内容靠下，给人以压抑感；而如果视点确定得过高，则效果表现为俯视过强，地面的表现面积过大，从而影响到这个图面的效果。因此，选择一个最佳的透视角度是室内效果图表现好坏的保证，如图2-2所示。

图2-1　选择最佳视角绘制的室内效果图（孟庆志）

图中选择的视角突出了将阳台纳入室内空间的设计，使得设计意图得到了充分的表达。图面选择二点透视表现四个界面、选择俯视的视点清晰地表达了空间中家具的布置。

图2-2　最佳视角的选择能够决定室内效果图的效果（孟庆志）

选择适宜的透视角度将空间结构完整地表现出来，丰富的吊顶造型与地面对正的家具呼应。同时，成角的视角将空间表现得更深，在有限的空间内最大限度地突出了空间的结构。

2.1.2 注意复杂的光影和明暗变化

室内效果图表现的过程中，为了突出立体的室内效果，注意复杂的光影和明暗变化是其另一个重要的方法。同时，光影和明暗的变化还能够反映效果图内材料的质感，使得室内效果图更为丰富，如图2-3所示。

图2-3 利用光影和明暗的变化表达效果图内材料的质感（祝丹）
效果图内光影的变化，突出了吊顶丰富的造型的同时，对界面的材质也进行了烘托，光感刻画出地面光滑的理石质感，也突出了空间展示的内容。

2.1.3 避免局部的深入刻画

在表现室内效果图时，需要整体地考虑图面的效果，不宜对局部进行深入的刻画。一旦局部刻画过细，效果图的整体效果就会减弱，影响设计内容的表达，如图2-4所示。

图2-4 室内效果图适当的概括表现使得主体更为突出（佟焕）
图中以概括性的手法将复杂的墙面弱化，突出空间的结构和灯光定位，这种“弃辅保主”的方法能够将主题表现得更加突出。

2.1.4 布置适度的装饰配景

室内效果图表现，装饰、配景是必不可少的内容。但是，这些内容作为室内的陈设和绿化部分是整个空间的辅助部分，因此在效果图表现过程中，不宜布置过多，适度为佳，以免喧宾夺主，如图2-5所示。

图2-5 适度装饰，以免喧宾夺主（祝丹）

中国传统风格的设计，家具造型繁复，因而采用简单的室内装饰，仅用书法临帖作为墙面点缀，将竹子作为唯一的绿化形式，简洁中又不失风格的统一。

2.1.5 运用合理的色彩搭配

在室内效果图表现过程中，色彩的搭配方法也是非常重要的。色彩的搭配要符合室内空间属性的要求，以及人的行为心理要求。其中，室内客厅的效果图在色彩表达中，一些神秘的色彩就不宜运用，如图2-6所示。

图2-6 符合室内空间属性的室内效果图色彩表达（祝丹）

别墅客厅作为公共共享空间在温馨的色彩中加入严谨的条文状沙发，在温馨中又不失端庄，使得室内空间的色彩丰富，符合空间属性。

2.2 室内效果图的形式处理

室内效果图作为设计师精心设计的产物，其形式的构成具有自己独特的处理方法，这些方法是保证室内效果图质量的根本保障。

2.2.1 空间形式处理原则

由于空气自身的透视作用，并受光源的影响而形成色调对比上的近强远弱的客观因素，在透视学上称为空气透视法。另一方面受人们生理上视觉能力的影响，使近处的物象清晰，远处相对模糊的主观因素，通常称为线性透视法（又称焦点透视法）。在具象的造型表现中，空间的形成其实是通过以上两种因素的结合，在两者的综合作用下，客观物象的造型因素中，由于远近距离的不同会产生近大、远小和线、形的透视变化，同时也会产生色彩和色调的透视变化。在室内效果图表现中我们要在考虑色彩透视变化因素的同时考虑物象的前后、虚实、繁简、强弱等三维的深度效果，主要是通过明暗的色调变化去表达，其空间上的表现主要反映在两个层面：一方面是指形体与形体之间或是形体与背景之间的对比关系；另一方面是指物象本身受光影的影响而形成的色调变化所具有的空间意义。一般来讲，在室内效果图表现中，空间感的形成主要是通过色彩的“明调、暗调、灰调”三个色度关系表现，正确地运用这三个层次可以清晰地表现出室内效果图景象的远近、虚实，并使画面产生纵深感。

2.2.2 构图形式处理原则

取景构图是室内效果图表现的重要环节，是构思和安排视觉要素的总设计，也是设计师必须掌握的基本功。构图的工作是思考和组织的过程。研究构图的目的是通过巧妙地构思把设计中所要表达的主题内容传递出去。在室内效果图表现中，构图的正确与否是决定设计和表达成败的关键，所以理想的构图始终是设计师、建筑师，抑或是画家研究的主要内容。一般来讲，好的构图都有着一定的规律，其中包含很多对立的因素及相互的作用，如图与地、平面与立体、明与暗、视角与引向、动势与静态等。归纳起来主要表现在两个方面：布局均衡和多样统一。

1. 布局均衡

室内效果图表现中所讲的构图均衡并不是指画面的平衡或对称，其平衡或对称是均衡构图的一种最简单的表现形式，室内效果图在表达过程中的构图均衡主要侧重于更高层面的研究。均衡既有多样统一的意义又有独立的构图基本法则。严格意义上讲，两者实际上是一个含义，都是对立统一在“视觉语言”组合规律上的术语。但为了说明问题、叙述清晰，还是从两个层面来阐述，这样有利于对画面构图的理解、分析、判断。所谓均衡，就是画面在上下左右部分的比重，在视觉上强调体量相等的感觉，这里的均衡与平衡不一样，平衡在于体现画面的对称，是靠物象数量上的相等和色调的等同来获得。而均衡则不然，均衡彻底抛弃了机械式的平衡，既要达到画面平衡又要强调视觉上的变化、统一，如图2-7所示。在作为设计表达的室内效果图中，要想取得均衡，首先是依靠构图的处理，其次是通过视觉的感受和色调的配置来实现。

图2-7　构图均衡的室内效果图表达（黄冠华）

均衡的构图是效果图表现的主要支撑，本图充分地体现了空间场的作用，在空间场的组织下，实现视觉场的均衡，左侧蓝色的沙发和茶几巧妙地将右侧墙面的倾斜进深构图拉开，既增添了前后的层次感，又使画面实现了空间场和视觉场的均衡。

2. 多样统一

多样统一是构成优秀室内效果图的重要条件，多样统一的含义既有多样性的变化又要达到整体布局的统一性，想达到此要求是比较困难的。所谓的多样性从本质上就是指图面上的各个组成部分的对比关系，如疏密变化、大小变化、方向对比、前后距离、要有一定比例的重色块或亮色块等元素的设计。对比，在图面上所产生的效果是变化，也就是多样性。对于室内效果图而言，从构图上要有适度的变化、对比，同时还要注意处理好各局部与整体的关系，使之和谐统一，既要有变化又要调和、统一。

2.2.3　构图的几种基本形式

构图所选择的基本形式是由表现的主题内容而定的，不同的构图会表达出不同的图面气氛，不同的构图形式也会给人不同的视觉及心理感受。

1. 水平式构图

看上去图面形象稳定，具有静止、开阔、平和、静寂、疲劳的感觉，处理不好画面会显得呆板。因而在进行会议厅、办公空间的效果图表达时，设计师为了体现设计主题的庄重性，常常采用这种构图形式，如图2-8所示。

图2-8　水平式构图的室内效果图表达（祝丹）
采用一点透视的对称式水平构图，突出会议室庄重、严肃的空间氛围。

2. 三角形构图

三角形构图分为正三角形和倒三角形。通过这种构图形式，室内效果图往往体现出很强的空间感和活跃感。在大多数情况下，三角形构图作为大堂空间或具有“天井”属性的室内空间的表达来使用，如图2-9所示。

图2-9　三角形构图的室内效果图表达（黄冠华）
对于多层空间的表达，三角形的构图将空间结构完整地展开，向下俯视的视角使空间高度得到更好的提升。

3. S形构图

这种图面构图形式通常使人感觉流畅、空间表达深远、纵深感强，因其处理上的独特性而形成焦点，使画面更富有趣味，一般用于室内曲折廊道设计的效果图表达中，如图2-10所示。

图2-10　S形构图的室内效果图表达（郑孝东）
室内廊道空间在表现过程中采用S形构图，突出空间一侧的悬挑和进深的悠远，营造出开敞和丰富的空间层次。

4. 垂直式构图

在视觉上室内效果图采用垂直式的构图表达，增强了室内空间高大、高耸的艺术效果，但在图面中，主体物或主体空间不宜居中，避免构图呆板，如图2-11所示。

图2-11　垂直式构图的室内效果图表达（黄冠华）
本图采用垂直式构图突出设计的结构，主体的造型放置于中心位置，用支撑上层结构的框架和楼梯打破原本呆板的布局，既突出了竖向结构的设计又丰富了构图形式。

5. 辐射式构图

辐射式构图在当今的室内效果图表现中运用得比较普遍，其特点是纵深感强，有向内、向外伸缩的感觉，其布白的技巧尤为重要，如图2-12所示。

图2-12 辐射式构图的室内效果图表达（祝丹）
展示空间采用辐射式构图，突出展示的连续性，内外伸缩的空间感显露无遗，表现出强烈的纵深感。

2.3 室内效果图表现的基本透视原理和规律

在进行室内效果图表现的创作时，首先遇到的就是室内环境的透视问题。透视作为室内设计及其效果图表达重要的创作技能基础，决定着设计的科学性，并且影响着创作者设计的思维表达。因此，在绘制室内效果图之前必须首先对透视进行学习，掌握透视学的基本原理和规律，以此增强对现实室内环境的空间设计能力和判断能力，以及室内效果图图面的把握能力，进而能够更好地将设计的亮点表现出来，给人最直观的感受。

2.3.1 室内效果图透视原理

透视学作为立体几何学的一个分支，从数学的角度来看它是具有严谨的科学性的，因而常常被人们称为“几何透视”或“透视几何”。其主要研究如何将观察到的立体空间或物体形态在不失立体空间造型真实感的情况下，表现在一个二维平面上。在研究室内效果图表现的透视过程中，有三个必不可少的要素：视点、灭点和物体，它们三者的关系决定了画面的最后透视效果，如图2-13所示。这里首先要简要说明一下关于透视的几个概念。

立点：也称足点，是观察者站立的位置。

视点：观察者眼睛所在的位置。

视高：立点到视点的高度。

视平线：观察者眼睛在画面上的高度线。视平线的高低是由视点决定的，视平线到地面的高度与视点到地面的高度相等。

基面：物体放置的平面。

画面：视点与物体之间的假设透明平面（垂直投影面）。

基线：画面与基面的交界线。

地平线：地面和画面的交线即为地平线。作画者仰视时，地平线在视平线的下方；俯视时则相反。

心点：通过视点所做的画面垂线与画面的焦点。

灭点：产生透视后，与画面不平行的直线在无穷远交汇集中的点（即在画面上消失的点），称为灭点。

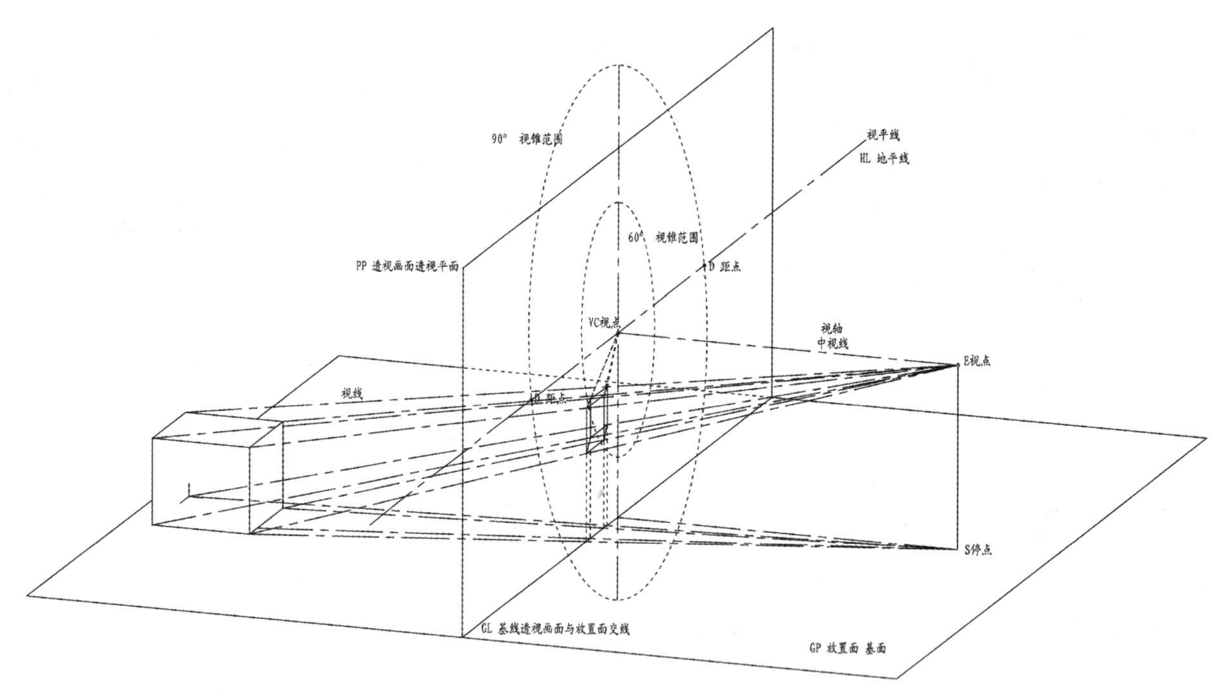

图2-13　透视基本图示

透视在表现室内场景空间时的基本原则是：

近大远小，离视点越近的物体越大，反之越小。

由透视产生的灭点处在视平线上。

画面中的灭点可以是一个，也可以是两个或三个，这要根据作画者的观察角度来决定。

无论灭点是一个还是两个，视平线在一幅画面中只有一条。

视平线低所表现的空间显得高大，反之则显得矮小。

2.3.2 室内效果图透视的规律

1. 一点透视

室内空间与画面平行，近大远小的灭点消失关系表现为作画者眼睛正对着的点即为灭点，并且灭点位于视平线上，这种透视现象被称为一点透视，也称平行透视，如图2-14所示。

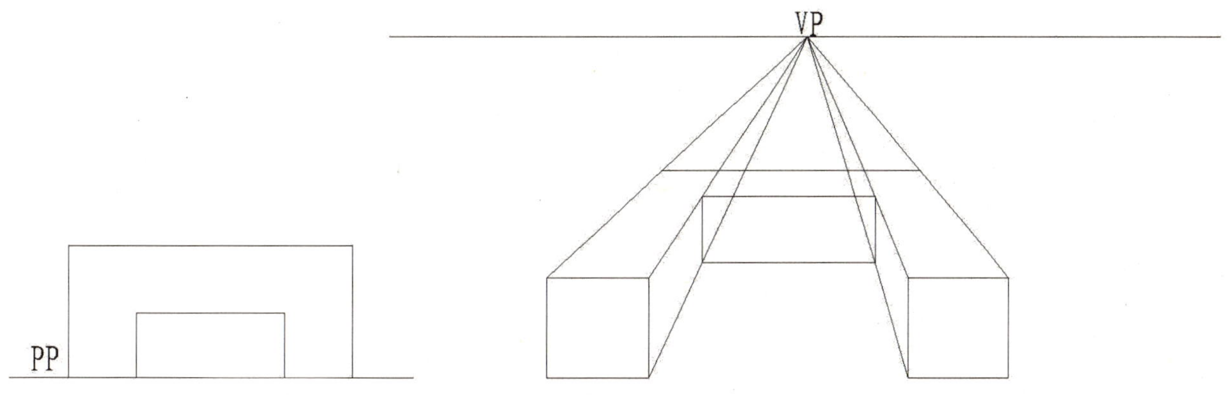

图2-14　一点透视

一点透视表现范围广，纵深感强，绘制相对容易，但画面略显呆板、缺乏变化，一般用来表现严肃的室内场景，凸显规整、庄严、严肃的氛围。在室内效果图中，一点透视通常可以表现室内六面空间中的五个面，所以透视画面表现比较完整，如图2-15所示。

图2-15　居住空间一点透视表现（佟焕）
客厅的设计采用一点透视的表现形式进行表达，将空间中的五个面展现无遗，完整地展示了室内空间。

2. 二点透视

室内空间与画面不平行，室内空间左右两个面的边线分别向画面左右两边消失，因而产生两个灭点，并且这两个灭点都在视平线上，这种透视现象被称为二点透视，也称成角透视，如图2-16所示。

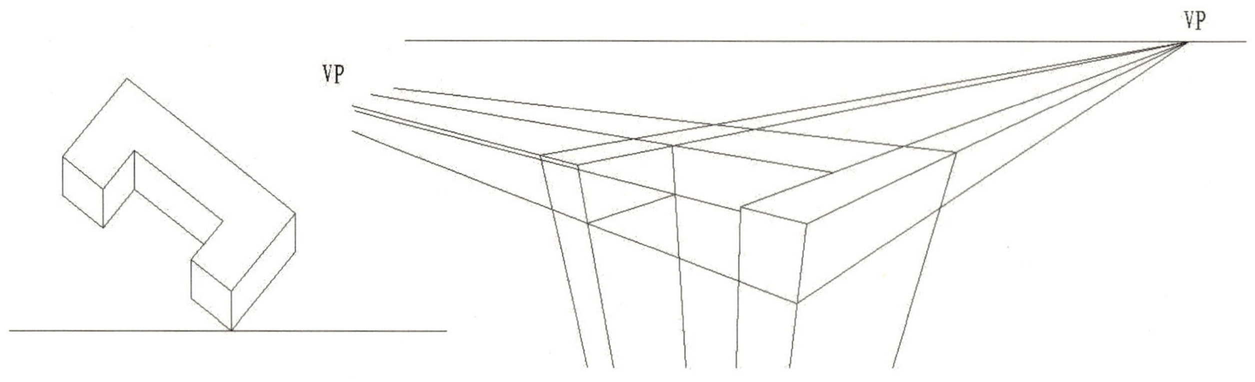

图2-16　二点透视

二点透视表现效果生动、自由、活泼，反映空间直观、近人，衬托出繁华、整体感强的环境氛围。

二点透视表达室内空间时，由于成角的不同，通常只表现室内六面空间中的四个面，如图2-17所示。而如果在实际绘制效果图时，选择一个与一点透视相仿的形式，也能看到五个面的二点透视，这种透视形式是把其中的一个灭点移到离画面较近的视平线上的位置所产生的透视效果，如图2-18所示。

图2-17　表现四个面的二点透视室内效果图（黄冠华）

采用表现四个面的二点透视表现居住空间的起居室，突出局部的空间造型，增加细节刻画，渲染温馨的氛围。

图2-18　表现五个面的二点透视室内效果图（王希胜）
用二点透视的视角对居住空间进行效果图表现，画面自由而活泼。

3. 三点透视

在构成空间的透视图上，没有空间线与画面平行。三维空间线都与画面不平行，各有一个灭点，这种透视称为三点透视，如图2-19所示。

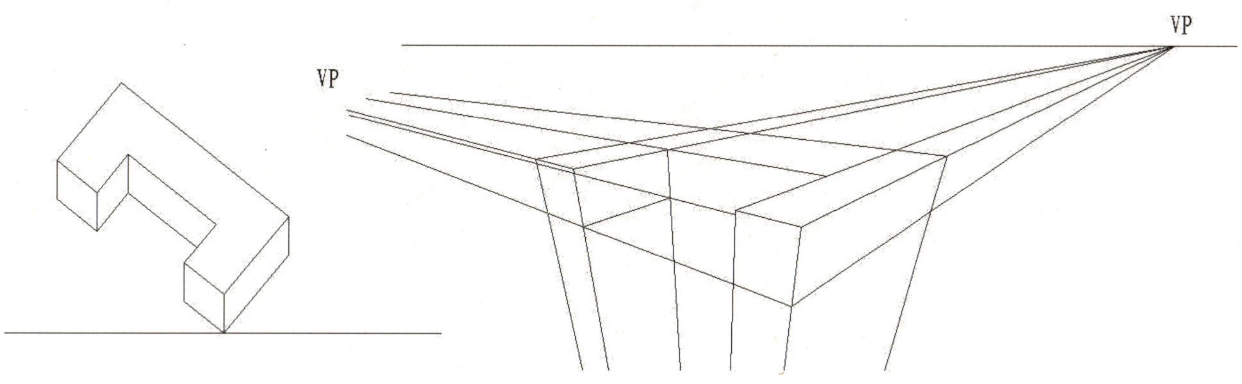

图2-19　三点透视

三点透视具有很强的表现力，它除了二点透视的两个灭点之外，高度方向也呈现出向上或向下的透视关系，形成向上消失的“天点”或向下消失的“地点”。三点透视在室内效果图表现中使用较少，仅仅在表现大尺度的室内空间时使用，如图2-20所示。

图2-20　三点透视室内大堂空间效果表达（祝丹）
大堂空间采用三点透视的室内效果图表现的方法，突出空间的庄重、高耸，再加入明度低的色彩和适度的照明，烘托出空间的大尺度感。

4. 轴测图

轴测图又被称为等角透视。它是将视点假定在无限远处，因而看不到透视的灭点存在，透视线无限趋近于各方向平行线。轴测图没有一般透视的表现效果，但却具有很强的室内空间关系氛围的表现效果，如图2-21所示，一般在说明类的室内效果图表现或写实类的室内效果图表现中采用。

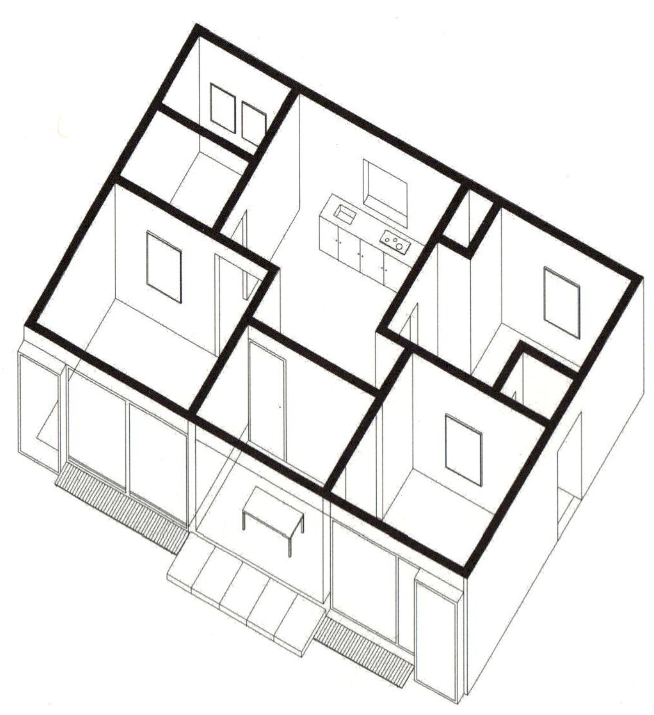

图2-21　室内轴测图表现（祝丹）
轴测图用来表现室内空间的布局，更突出整体感，将每个局部一展无遗。

2.3.3 室内效果图透视的简易画法

1. 一点透视简易画法

一点透视是灭点只有一个的室内效果图表现。一点透视的简易画法是从背景墙面开始，由视平线和灭点逐渐展开，始终要控制好除背景墙面外剩余四面墙的透视线。由于一点透视在表现空间时过于规整，所以不适于表现形式丰富的空间，因此会造成画面表现的呆板。

具体的作图步骤如图2-22所示。

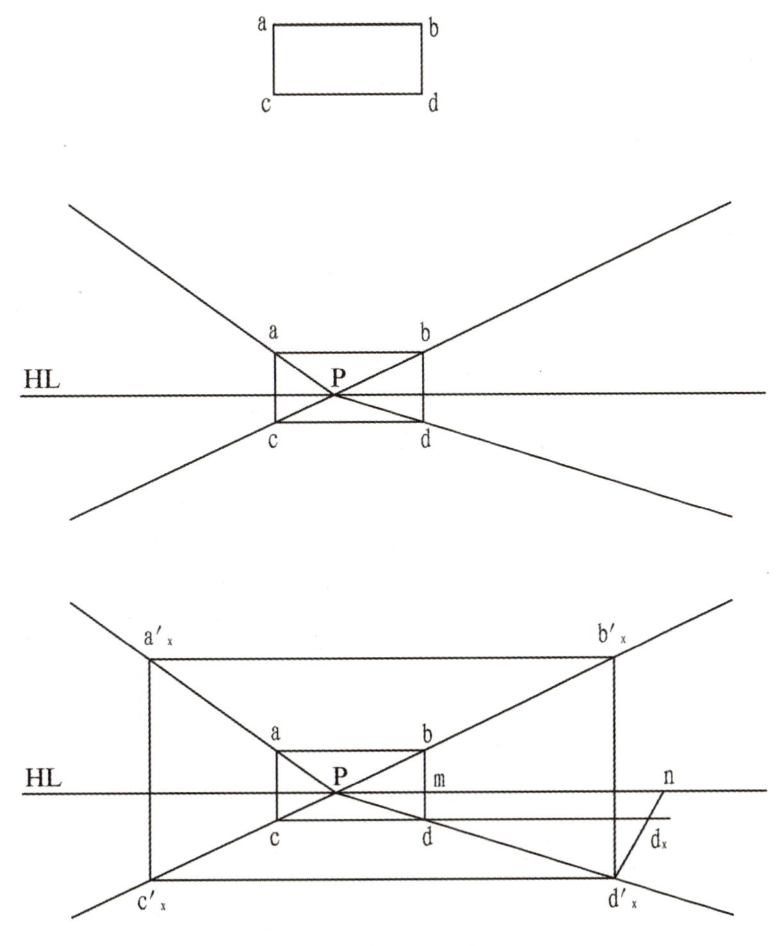

图2-22 一点透视简易画法步骤

（1）在画面的中心位置根据空间尺寸及比例画出背景墙面a、b、c、d。

（2）设定视平线HL，选定灭点P，通过灭点和a、b、c、d四点作四条放射直线。

（3）作cd墙线的延长线，按比例作进深的长度dd_x。在视平线HL上，作mn，mn的长度是在进深的长度dd_x的基础上再延长1m，注意这1m也要按透视图的比例计算。连接nd_x，交Pd于d'_x、Pb于b'_x。通过b'_x作视平线HL的平行线交Pa于a'_x、Pc于c'_x，最后连接$c'_x d'_x$得到的矩形$a'_x b'_x c'_x d'_x$为与背景墙面相对的空间界面。用这种方法可以根据实际尺寸得到空间内任何进深位置的家具位置。

2. 二点透视简易画法

在室内效果图中，最常见的是能够看到五个面的二点透视图。它是在一点透视的基础上在离画面很远的视平线上加入一个新的灭点。这种二点透视在绘制时很方便，只需要在一点透视中略加改正即可完成二点透视，具体的作图步骤如图2-23所示。

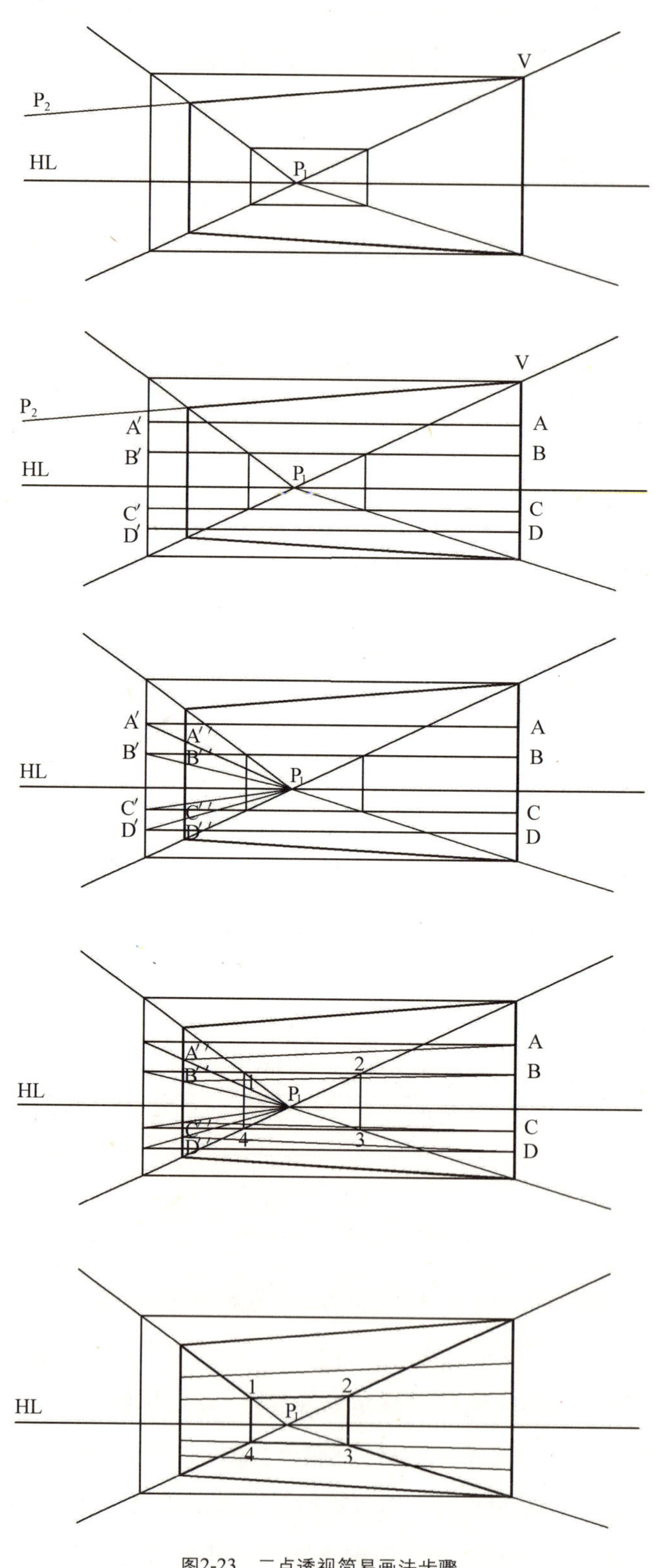

图2-23 二点透视简易画法步骤

（1）根据空间尺寸先做出一点透视图，灭点为P_1。

（2）任意定出最外面的外框透视线VP_2，并连接成外框的矩形透视。

（3）在右侧外框上选择A、B、C、D四点。然后平移至左侧得到A'、B'、C'、D'四点。

（4）将A'、B'、C'、D'各点与灭点P1连接，得到与新透视外框的交点A"、B"、C"、D"四点。

（5）连接AA"、BB"、CC"、DD"，这些连接线即是VP2的透视线。线段BB"、CC"与通过灭点P1的原始透视线分别相交于1、2、3、4四点。

（6）通过1、2、3、4四点分别连线，最终得到能够看到室内五个面的二点透视图。

本章小结

本章主要是从室内效果图表现的表现原理展开的，对室内效果图表现的基本方法、形式处理和基本透视原理及规律进行了阐释，内容包括构图的原则、构图的基本形式、轴测图的画法。通过室内效果图表现的基本原理和方法，为进一步进行具体方法的阐释打下基础。

思考与练习题

1. 结合室内效果图表现的基本方法，选择室内空间局部进行效果图表现练习。

2. 以本章所讲的室内效果图构图处理原则和形式为基础，创作一幅室内效果图，突出不同构图形式的特点。

3. 通过三种不同的透视方法，分别选择一处室内空间的整体或局部进行效果图表现，突出不同透视方法的特点，注意透视要准确。

第2篇　手绘效果图表现篇

第3章 手绘表现的基础

主要内容：

●本章主要内容是徒手表现的基础，包括设计素描和色彩两个方面。

重点难点：

●理解设计素描理论，掌握其表现技巧。

●理解色彩理论，掌握其表现技巧。

学习目标：

●为手绘效果图学习打好坚实基础。

3.1　设计素描

设计素描是现代设计的绘画表现形式，是设计的语言和手段。设计素描是运用线与面来对形体进行概括反映的造型能力，侧重比例尺度、透视规律、形体的内部结构剖析、三维空间观念、材料质感的表达等方面，培养和训练绘制设计预想图的能力。设计素描具有严格的科学性，重在理性与分析，是培养形象思维和表现能力的有效方法。

设计素描以线条为主要表现手段，舍弃光影变化的刻画，刻意强调物象本质的结构特征，如图3-1所示。除了画出看得见的外观物象外，还画出了看不见的内在连贯的结构以及看不见的外部轮廓，如图3-2所示。用立体的思维去看待和理解设计对象。如画一个物象时，首先要对该物象进行全方位观察，甚至把它拆开来研究，这样就会对该物象有一个立体的空间概念。只有全面观察，才能理解结构，从而达到离开具体物象能够描绘出对象或者进行设计组合。这种过程，不受光影变化的影响，只与结构特征有关。强调本质结构特征，更能表达其设计辅助功能，把设计师创造思维过程中形成的形象用结构素描方式表达出来。通过素描认识自然，发现设计。

设计素描训练内容：

（1）造型能力训练：训练眼睛对形体空间的准确判断，重点解决空间各部分的尺度与比例，如图3-3所示。

（2）结构关系训练：用线描绘形体各部分之间可见与不可见及前后的层次关系，理解相互的结构关系，如图3-4所示。

图3-1　静物结构素描单体（谭婕姝）

画静物结构素描的时候要注意抓住关键的结构点，也就是物体的主要转折面来画，强调这些转折面，画出转折面比较强烈的地方的横向截面与竖向截面，并将主要结构点画得更重一些，用以突出物体的形体关系。

图3-2　结构素描几何形体（谭婕姝）

几何形体的结构素描要求对透视的把握更加准确，可以让潜在的思维里有一个比较标准的比例结构关系。能锻炼出潜意识里的标准立体结构尺度关系。

图3-3　结构素描静物（谭婕姝）

主要锻炼圆形和弧形的结构素描，圆形的透视关系很难把握，要注意抓住上下圆形的轴心，再根据视角关系的大小，可以画出比较精确的圆形透视。

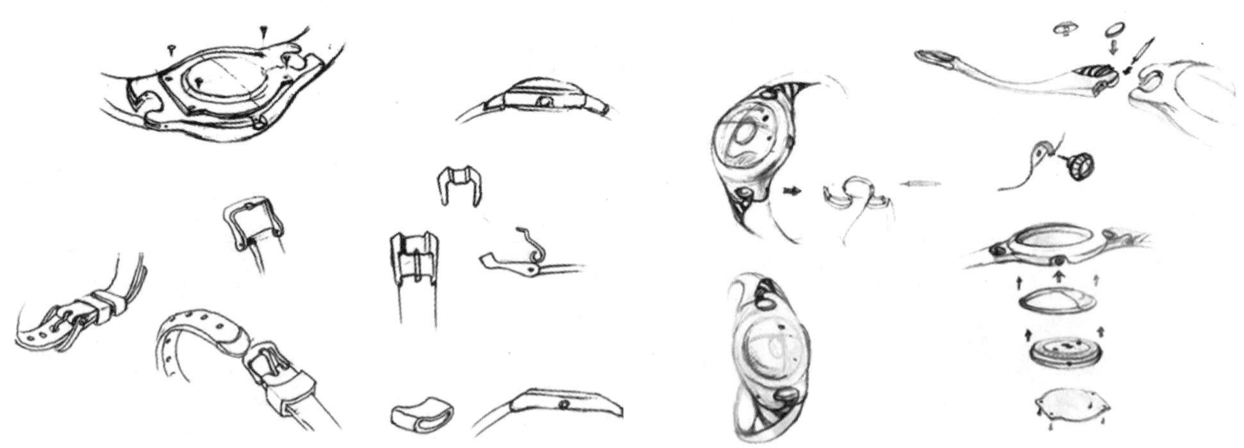

图3-4　结构素描手表（姜赫阳）

能够将一件物体进行分解与合并，将内部的结构关系、组合关系表达出来，可以提升对物体与物体之间和物体本身内部的链接组合关系的理解与应用。

3.2 色彩

色彩是指光刺激眼睛再传到大脑视觉中枢而产生的一种感觉，是人们最容易感受的美感形式。色彩就系别可分为无彩色系和有彩色系两类。无彩色系是指由黑色、白色及黑白两色相融而成的各种深浅不同的灰色系列。有彩色系包括可见光谱中的全部色彩，以红、橙、黄、绿、蓝、紫等为基本色，以及基本色之间不同量的混合、基本色与无彩色之间不同量的混合所产生的千千万万种色彩。

3.2.1 色彩的基本属性

1. 色相

色相是各类颜色的相貌、名称，如柠檬黄、朱红、普蓝等，是色彩的首要特征，是区别各种不同色彩的最准确的依据。任何黑白灰以外的颜色都有色相的属性，而色相也就是由原色、间色和复色来构成的。

原色：是第一次色，包括三种颜色，即红色、黄色、蓝色。其纯度最高，是调配其他颜色的基本色。

间色：是第二次色，由两种原色混合得间色，其纯度比原色低，将两种原色等量相加可以得到橙、绿、紫三间色。若相加原色不等量可调配更多不同倾向的颜色。

复色：是第三次色，三种原色等量相加混合可获得黑色，若不等量相加混合可得到复色，复色的纯度比间色低。调配复色的方法是：将原色与间色相混，或将间色与间色相混。另外，任何一种原色与黑色或灰色相混也能得到复色。

2. 明度

明度即色彩的明暗差别，即深浅差别。无彩色系中明度最高的是白色，最低的是黑色。白色是理想的完全反射物体，黑色是理想的完全吸收物体。由白色至黑色，可以用一条垂直轴表示，一端为白，一端为黑，中间有各种过渡的灰色，明度由高向低依次变化。有彩色系有两种明度变化：一是某一色相的深浅变化，如粉红、大红、深红，都是红，但一种比一种明度高；二是指不同色相间存在的明度差别，如中黄明度最高，紫色明度最低，橙色和绿色、红色和蓝色明度相近。

3. 纯度

纯度是色彩的纯净程度，即各色彩中包含的单种标准色成分的多少。纯色色感强，即色度强，所以纯度亦是色彩感觉强弱的标志。不同色相达到的纯度不同，其中红色纯度最高，绿色纯度相对低些，其余色相居中。

3.2.2 色彩的对比

1. 色相对比

（1）无彩色对比。无彩色对比虽然无色相，但它们的组合在实用方面很有价值。如黑与白、黑与灰、中灰与浅灰，或黑与白与灰、黑与深灰与浅灰等。对比效果感觉大方、庄重、高雅而富有现代感，但也易产生过于素净的单调感。

（2）无彩色与有彩色对比。如黑与红、灰与紫，或黑与白与黄、白与灰与蓝等。对比效果感觉既大方又活泼，无彩色面积大时，偏于高雅、庄重，有彩色面积大时活泼感加强，如图3-5所示。

图3-5 水粉静物色彩的色相对比（谭婕姝）
整体是比较淡雅的色调，注意在淡雅的色调中寻求对比，以加强画面效果。

（3）同类色相对比。一种色相的不同明度或不同纯度变化的对比，俗称同类色组合。如蓝与浅蓝（蓝+白）色对比、绿与粉绿（绿+白）与墨绿（绿+黑）色对比等。对比效果统一、文静、雅致、含蓄、稳重，但也易产生单调、呆板的弊病。

（4）无彩色与同类色相比。如白与深蓝与浅蓝、黑与桔与咖啡色对比等，其效果综合了（2）和（3）类型的优点。感觉既有一定层次，又显大方、活泼、稳定。

2. 调和对比

（1）邻近色相对比。色相环上相邻的二至三色对比，色相距离大约30度左右，为弱对比类型。如红橙与橙与黄橙色对比等。效果感觉柔和、和谐、雅致、文静，但也感觉单调、模糊、乏味、无力，必须调节明度差来加强效果，如图3-6所示。

图3-6 水粉静物色彩的近似色对比（谭婕姝）
近似色，冷暖的微妙变化。注意在同一色调中，找出其他颜色的色相变化与冷暖倾向。

（2）类似色相对比。色相对比距离约60度左右，为较弱对比类型，如红与黄橙色对比等。效果较丰富、活泼，但又不失统一、雅致、和谐的感觉。

（3）中度色相对比。色相对比距离约90度左右，为中对比类型，如黄与绿色对比等，效果明快、活泼、饱满、使人兴奋，感觉有兴趣，对比既有相当力度，但又不失调和之感。

3. 强烈对比

（1）对比色相对比。色相对比距离约120度左右，为强对比类型，如黄绿与红紫色对比等。效果强烈、醒目、有力、活泼、丰富，但也不易统一而感杂乱、刺激，造成视觉疲劳。一般需要采用多种调和手段来改善对比效果。

（2）补色对比。色相对比距离180度，为极端对比类型，如红与蓝绿、黄与蓝紫色对比等。效果强烈、眩目、响亮、极有力，但若处理不当，易产生幼稚、原始、粗俗、不安定、不协调等不良感觉。

4. 冷暖对比

冷暖对比是将色彩的色性倾向进行比较的色彩对比。冷暖本身是人皮肤对外界温度高低的条件感应，色彩的冷暖感主要来自人的生理与心理感受。红色、橙色、黄色色调带有温暖的感觉，蓝色、蓝绿色、青色色调带有寒冷的感觉。另外，冷暖感与明度、纯度也有关系。明度高具有冷感，明度低具有暖感。纯度高具有暖感，纯度低具有冷感，如图3-7所示。无彩色的白色是冷色，黑色是暖色，灰色是中性色。

图3-7　水粉静物色彩的冷暖对比（谭婕姝）

设计色彩快速表现，只是简单地勾出了物体的轮廓，加以少量的淡彩表现，就已经把握住了色调变化与冷暖变化，并且具有设计色彩的味道。

3.2.3　色彩的变化

色彩包括光源色、固有色、环境色。

光源色：是光源本身的颜色。没有光就没有颜色，光源色是构成物体颜色的决定因素。表现图中的光源有两种：阳光与灯光。阳光是白色，灯光是黄色。

固有色：是物体本身的颜色，与色光、照度有关。呈现色光颜色，照度高固有色浅，反之深。

环境色：是周围环境对物体固有色的影响。物体受光源照射会吸收一部分色光，反射另一部分色光，反射的光投射到相邻物体上时，就会使其固有色发生变化，色彩变得更丰富，如图3-8所示。

图3-8 水粉静物的色彩变化（谭婕姝）

相对复杂的一组静物，看得出画这幅画时正是春节，画面物体较多、比较凌乱，能够将画面把握成一个整体又不失喜气洋洋的气氛。

本章小结

本章主要是从徒手表现基础提出的，同时从实际素描理论和色彩理论两方面展开探讨。明确了徒手表现的技巧。同时也详细地讲解了素描表现技巧和色彩表现技巧的特征与形式。为手绘效果图学习打好坚实基础。

思考与练习题

1．以本章所讲的设计素描理论进行一组结构素描练习（几何形体单体和组合、静物单体和组合）。

2．以本章所讲的设计色彩理论进行一组静物色彩练习。

第4章 效果图基础表现技法

主要内容：

● 本章主要内容是效果图基础表现技法，包括速写、线的表现、建筑材质表现、建筑配景表现、室内陈设表现、室内外空间线条的运用六方面内容。

重点难点：

● 理解速写理论，掌握场景速写及建筑速写的表现技巧。

● 理解并掌握线的表现形式和技巧。

● 理解并掌握建筑材质表现形式和技巧。

● 理解并掌握建筑配景表现形式和技巧。

● 理解并掌握室内陈设表现形式和技巧。

● 理解并掌握室内空间线条表现形式和技巧。

学习目标：

● 理解并掌握效果图基础表现技法。

4.1 速写

速写是一种快速的写生方法。画速写可以练习观察力，善于捕捉生活中美好的瞬间，如图4-1所示。速写和观察相辅相成，画速写之前要学会如何去观察，仔细地观察对象获得新的感知，突出表现内容与结构，寻找其独特之处。同时，速写也是提高绘画技能的关键。绘画是有效的观察，观察也是有效的绘画。速写能力是眼、心、手协调的能力，将眼之所视、脑之所想、心之所悟生动地表现出来。

速写能培养绘画概括能力，在短暂的时间内画出对象的特征，为创作收集大量素材，提高我们对形象的记忆能力和默写能力，是由造型训练走向造型创作的必然途径，对创作构图安排和情节内容的组织有益。

学习速写的关键是画，经常地画。速写是感受生活、记录感受的方式。速写使这些感受和想象形象化、具体化。学习开始可以选择画周围打动你的对象，从中获得最初的乐趣和享受，持续地画，最终使你的速写能力得到改善和提高。

图4-1 教室一角 铅笔（谭婕姝）

画面以绘画中的人物为主体，背景中加入一些道具，表现出教室场景环境。对人物头发、衣着进行细致刻画，突出主体情节。

4.1.1 速写用具

笔：铅笔、炭笔、钢笔、针管笔、细线马克笔、塑料水笔、蘸水笔、圆珠笔等。

墨水：选用碳素墨水，干后遇水不化。黑色的墨水作画线条清晰、对比强烈。

纸：选用表面光洁、质地坚硬、吸水性不强的纸张，如绘图纸、速写纸、复印纸等。粗糙多孔会洇或挂住笔尖，使线条模糊不清。太薄的纸会被刮坏或使墨水渗到下一页。

4.1.2 速写种类

1. 场景速写

场景泛指生活中特定的情景，表现各种场面，由人物活动和背景等构成。场景速写是配有情节、人物、道具、环境的速写，如图4-2所示，也可以认为是组合速写或环境速写。场景速写要求注意人物结构、比例与场景透视的准确，构图均衡、变化、统一、空间、呼应、节奏，力求做到主题突出、环境明确、组合得当、主次分明、要有情节变化和生活气息，如图4-3所示。

图4-2 夜晚的平台小餐馆 铅笔和蘸水笔（梵高）

完整的场景展现：夜晚、多组人物、平台、餐桌椅、室外壁灯、街道、建筑物。

图4-3　完整构图的建筑速写表现（谢洁冰）
结构清晰，线条有力，取舍得当，画面效果富有张力。

在数量上，包括1人、2人组合、3人组合、多人组合。

在环境上，有教室一角、宿舍一角、食堂一角、客厅一角、超市一角、车站一角等。

在组合内容上可分为人与人、人与物、人与景等。

在构图形式上，分为对称式、均衡式、交叉组合式、横竖组合式、三角形组合式、椭圆形组合式、不规则形组合式等。

绘画时，根据题目进行构思，从内容到环境再到具体的人物数量，期间需要考虑时间、季节等外在元素，如图4-4所示。通常有横、竖两种构图方式，可以选择先从背景入手起稿，也可选择先从个体或群体人物出发，再丰满画面上的空间场景。注意主体人物与背景的取舍，背景可以不求完整，用带有整体感的处理一笔带过，形成良好的虚实关系，通过背景衬托出主体的重要性。表现画面厚重、虚实相间、写实感强。

图4-4　外在元素丰富的建筑速写（何欣）
画面效果完整，层次丰富，线条流畅，局部光影表现出体积感。

2. 建筑速写

绘画内容以建筑物为主，配景道具为辅，如图4-5所示。建筑物写生训练，长、中长、短期练习。训练内容由简入繁，如图4-6所示。由小建筑场景到建筑大场景展现，如图4-7所示。正确取景，理解构图的内涵，如图4-8所示；注重形体表现力、空间塑造力，如图4-9所示；体会与感受时间限制、层次控制、意境表达，如图4-10所示；侧重对形体空间的快速勾勒与透视关系的准确表达，如图4-11所示。

图4-5　阿列克谢耶夫教堂（祝丹）
线条繁简的对比，构图取舍分出主次，结构把握恰到好处。

图4-6　哈尔滨中央大街教育书店（祝丹）
以勾线白描的方式清晰表现了建筑的各种细部结构，层次丰富有序，线条运用流畅。

图4-7 北海公园（周杰军）
虚实、远近、线条横竖的变化，产生空间进深感。

图4-8 哈尔滨植物园（胡生海）
该图黑、白、灰的处理恰到好处，既有层次感又有体积感，画面看上去简洁、明快。

图4-9 注重形体表现的建筑物写生（宁双）

有序的竖线排列，表现建筑光影、玻璃材质；配景树木采用形体树表现，衬托主体，烘托气氛。

图4-10 层次表现丰富的建筑物写生（张佳旭）

线条排列均匀，表现了建筑的光影效果；局部线条的疏密体现了建筑结构层次；地势、草木等配景烘托主体建筑物。

图4-11　注重形体空间的建筑物写生（宁双）
色调处理别致，黑、白、灰层次丰富，植物表现细腻、生动，虚实得当。

4.2　线的表现

4.2.1　线条运笔练习

首先可以从简单的直线线条与曲线线条练习开始，练习中应注意线条的运笔速度、运笔方向、运笔力量。运笔速度保持均匀，且宜慢不宜快，停顿干脆。运笔方向要求从左至右绘制水平线，从上至下绘制垂直直线以及左右斜线。在线条运笔力量上要用力适中，保持平稳。

接下来可以开始练习有变化的线条，在画线中用力可由重到轻及由轻到重。

此外，还要进行曲线线条的运笔练习，并能通过训练逐步画出用力均匀与用力有变化即由轻到重及由重到轻的弧线线条。还可以进行不规则的折线、乱线与点、圆等内容的线条练习，如图4-12所示。

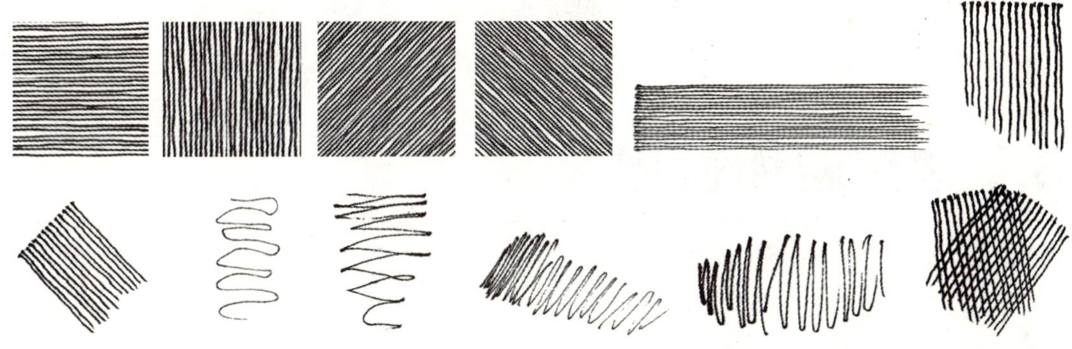

图4-12　线条表现图

4.2.2 线条组合排列练习

线条的组合与排列是线条训练更深一步的训练，包括直线组合与叠加、曲线组合与叠加，如图4-13所示。组合与排列线条可以产生不同的图面效果，利用其表现建筑及环境的明暗光影与材质。

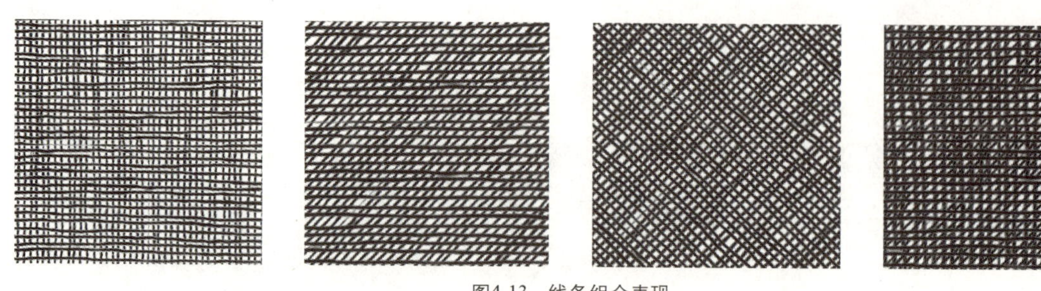

图4-13 线条组合表现

4.2.3 线条光影明暗练习

线条通过粗细变化与疏密排列获得各种不同的灰色块，表达形体的体积感和光影感。一般线条较粗、排列较密的色块深，反之浅。深浅之间可以用分格退晕和渐变退晕的方法进行过渡处理，如图4-14所示。不同形式的退晕产生的视觉效果不同，主要由直线、曲线、点与小圆等内容构成。要领如下：

- 根据光影变化组织线条的疏密，形成由明到暗、由浅到深的退晕效果。
- 根据不同材料的表面特征与质地选择恰当的线条组合内容。
- 同一画面、同一类型表面，其光影变化采用的线条组合排列方法要统一，使画面协调，如图4-15所示。

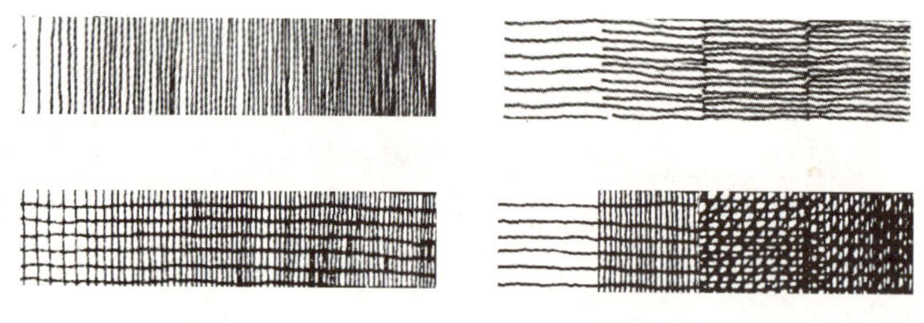

图4-14 渐变退晕与分格退晕表现

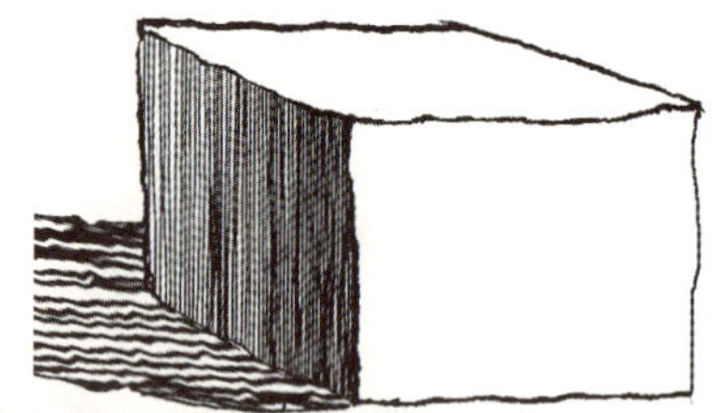

图4-15 线条排列成面，体面有形

4.3 建筑材质表现

不同的建筑构造与材料质感的表现有相应的线条用笔和组织方式。如墙面、屋面、路面、门窗、石块、木材、草地、水面、地毯等，都可用不同的线条组合和排列形式将其材料质感充分地表现出来。绘制中可归纳出如图4-16所示的几类。

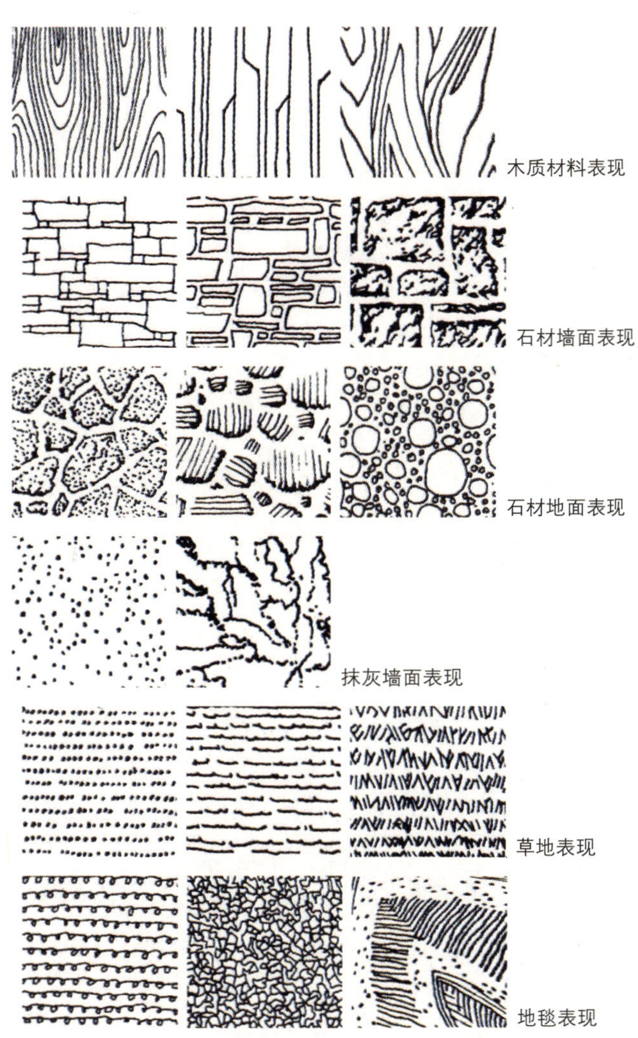

图4-16 建筑材料的质感表现

4.4 建筑配景表现

环境中的建筑配景所包含的内容主要有树木、山石、人物、交通工具等，使画面具有真实感、丰富性、良好的气氛烘托和艺术性。但要避免刻画过细，喧宾夺主，保持建筑物的主体位置。

4.4.1 树木表现

自然界中，树木的形态多姿多彩、千变万化。在建筑配景中，只把它简单地理解为一种环境的意象，概括地表现树形，重点是要掌握树形结构。各种树木的树枝、树干、树冠的构成与分支习性决定其形态特征。绘制时首先要观察理解所画树木的形态特征与各部分比例关系，然后确定树木高宽比例，画出基本型外框并明确画出树木枝干结构，最后分析树木受光情况，选择适当的线条表现树木主干、树冠等的体积感和质感，如图4-17所示；用不同的笔法表现出远、中、近景中的树木，如图4-18所示。从画法上，可以简便地把树木分为枝干树、枝叶树、体形树三类，如图4-19所示。

图4-17 近景树木表现一（谭婕姝）

图4-18 近景树木表现二（谭婕姝）

图4-19 树木表现

4.4.2 山石表现

在建筑绘画中，山石作为配景经常与树木结合表现。山石的绘制可分为近景与远景两种形式。近景中绿地、河岸等上放置的各种石墙、假山、石块等都属于近景山石表现的范围。绘制时用线描将山石的造型准确刻画出来，用适当的明暗表现质感即可，如图4-20所示。远景中的山石表现一般主要把握山石的形状关系与山势起伏，抓住大轮廓与大气势即可，如图4-21所示。

图4-20 近景山石表现

图4-21　远景山石表现

4.4.3　人物表现

在建筑绘画中，配景人物的主要作用是表达建筑的尺度和场景环境的气氛。学习要点是抓住人体的动势以及人群的聚散。首先掌握中景人物的画法，稍加细部刻画变为近景人物，略微概括变为远景人物，如图4-22所示。

图4-22　远景、中景、近景人物表现（谭婕姝）

1. 人体的结构、形态

画人物时，可以将人体理解成若干体块的组合，掌握好各部分体块的比例关系是画好人物的重要因素，从而避免画面人物畸形。

2. 人物动势

一般在建筑表现图中，配景人物最常用的动势形态是站立或行走。通常站姿的人物表现有正面、侧面、背面三种。行走姿态在站姿的基础上手和腿的动态稍作调整即可。远景人物一般选取站姿，用笔简练。近景人物，则深入刻画一下人物衣饰，根据需要还可以清晰表现人物容貌。

4.4.4　交通工具表现

在建筑绘画中，交通工具也是主要的配景，包括：车辆、船舶、飞机等。最常使用的是车辆。

绘制车辆时，首先要理解车辆的几何形体结构、组合与衔接的关系，如图4-23所示。然后准确画出几何形体的比例、透视，最后深入刻画细部，增强画面的艺术感染力。绘图者可以根据分析选择绘制不同形式的车辆，烘托气氛，如图4-24所示。

图4-23　交通环境概括表现（姜赫阳）

图4-24　交通工具细致表现（姜赫阳）

4.5　室内陈设表现

室内建筑画的表现内容有房屋的门、窗、墙体和室内陈设。室内陈设包括家具、灯光、室内织物、装饰工艺品、字画、家用电器、盆景、插花、挂物、室内装修以及色彩等内容。

4.5.1 家具表现

注意物体大的结构关系与形体关系，将不同时期不同国家的家具进行分析，分析出各国家具大的形体差异与特征。然后进行细微观察，注意细节的结构与纹理差异并进行表现，如图4-25至图4-28所示。

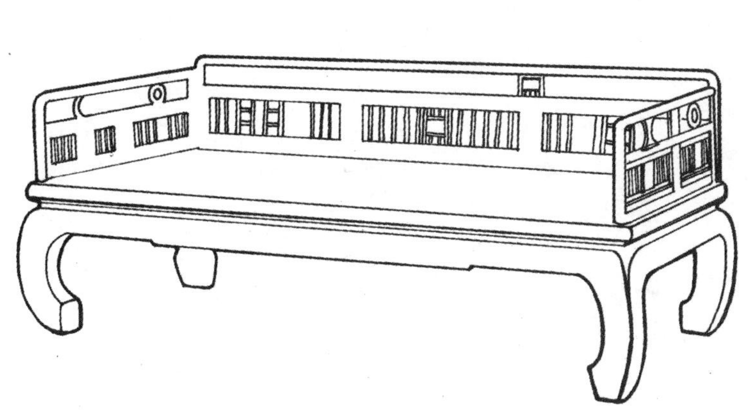

图4-25 中国古典家具（谭婕姝）

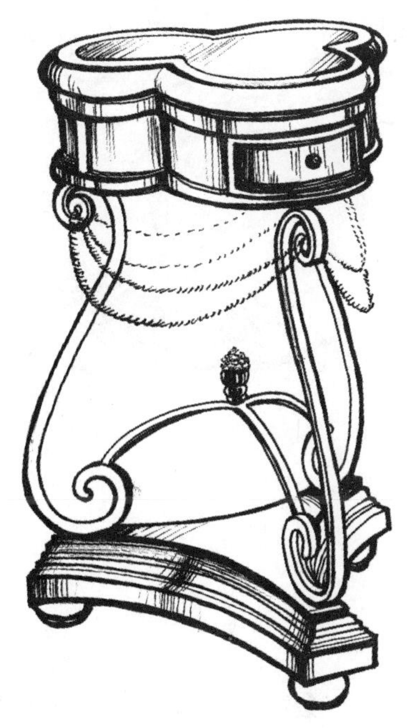

图4-26 法式古典家具（谭婕姝）

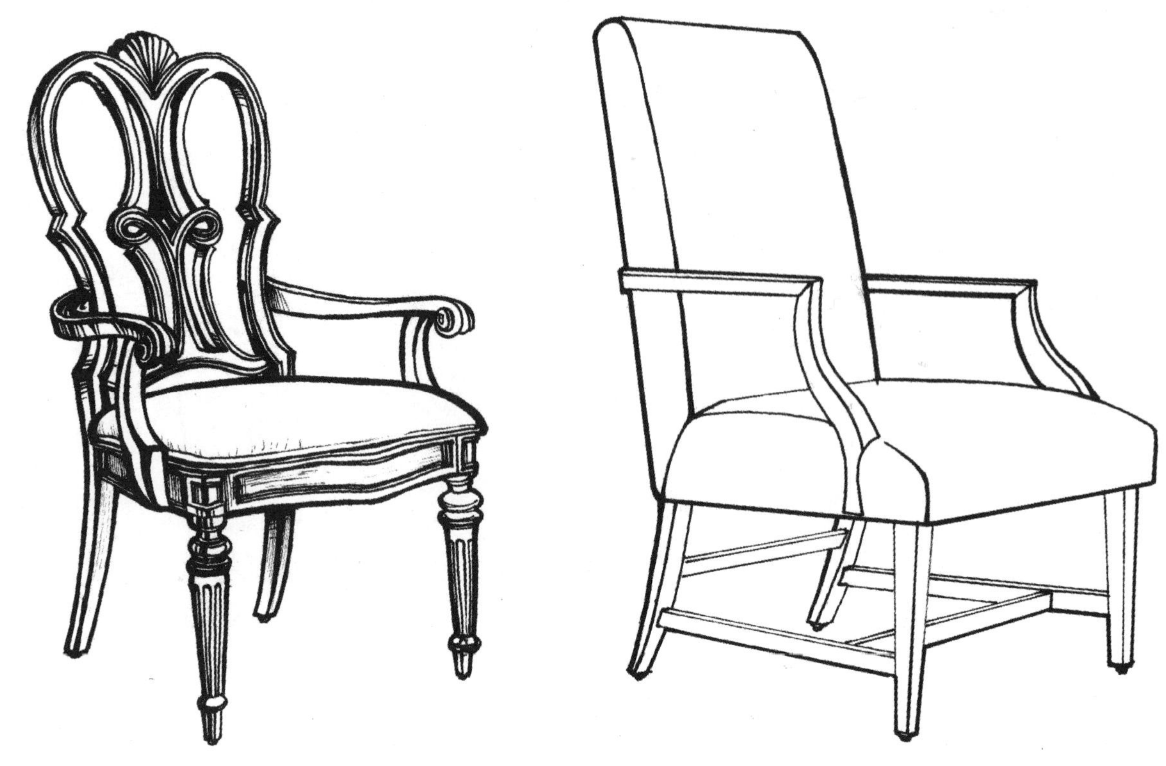

图4-27　英式古典家具（谭婕姝）

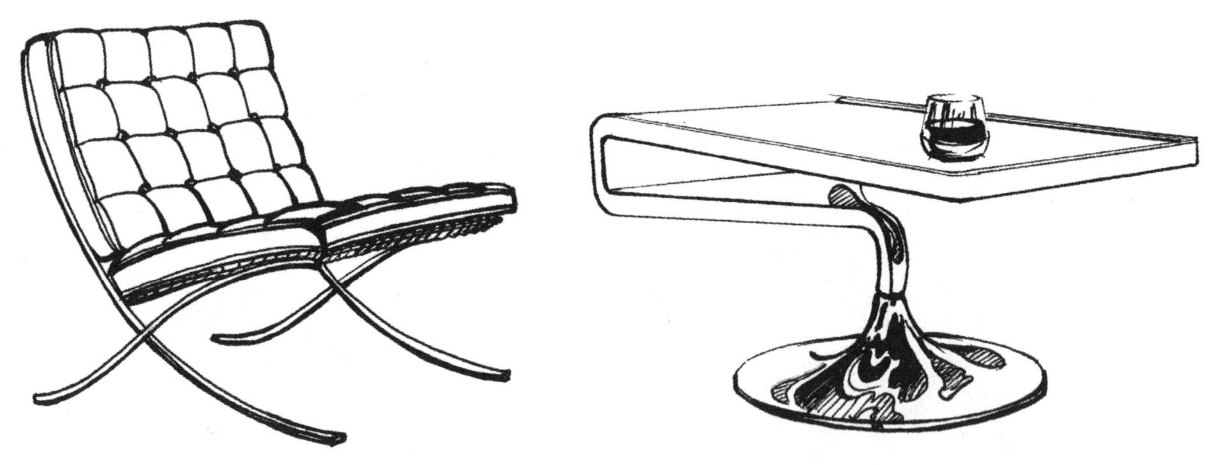

图4-28　外国近代家具（谭婕姝）

4.5.2　灯具表现

根据不同灯具的造型和材质特点，重点表现出灯具结构线条的流线、材质质感特征、局部装饰等，如图4-29和图4-30所示。

图4-29 东方风格灯具表现（谭婕姝）

图4-30 欧美风格灯具表现（谭婕姝）

4.6 室内外空间线条的运用

4.6.1 线描画法

线描画法具有清晰、明确的表现特点，在徒手表现中线描画法是最普遍的方法，如图4-31所示。线描表现手法舍去与削弱了光影、明暗的复杂关系，专门用线条表现物象与空间的外轮廓，并表现面与面的交接、过渡、衔接，如图4-32所示。需要细心观察和分析线条的来龙去脉，线与线是怎样交叉、衔接的，与上下、左右及前后的关系是怎样的，通过用笔的快慢、方向、顿挫、圆方、转折等准确地描绘物体形象特征。

物象质感要靠运笔来表达。诸如质地坚硬用平滑的线条、用笔平稳的实线来表现，如图4-33所示。质地松软用疏松的线条、运笔轻快的虚线来表现，如图4-34所示。运笔中，转折带方表示硬，转折带圆表示软，运笔慢且顿表示稳固，运笔平且匀表示严谨等，如图4-35所示。

除了运笔方法外还要研究线条的组织方法，如图4-36所示。从画面整体考虑，强化主要线条，减弱次要线条，舍去偶然线条。线条相互对比产生理想的艺术效果，如图4-37所示。

图4-31　卧室线描表现（李伟红）

线条简洁、清晰、理性，表达出室内结构、陈设质感。

图4-32 客厅线描表现（祝丹）

透视准确，结构明晰，线条强弱明暗有序，凸显空间效果。

图4-33 客厅线描表现（祝丹）

线条的组织运用符合光影透视关系，线条表现流畅，曲直结合表现质感，虚实变化使画面结构强弱有力。皮革的质感表现突出。

图4-34　客厅小品线描表现（陈卓）

优美的曲线线条，轻松、愉快。别致的家具小品。

图4-35　客厅陈设线描表现（陈卓）

单纯的形体表现线条，结构线采用大量直线尺规线条，通过与徒手线条的对比表现使画面效果富有秩序感的同时不失变化。

图4-36　太阳岛写生线描表现（周杰军）
曲线、弧线线条的运用，使画面产生流线动感，生动。

图4-37　室内局部空间线描表现（谭婕姝）
画面内容丰富，线条表现轻松，看似无规律，实际上富有很强的韵律和节奏。

4.6.2　明暗画法

明暗表现物象是最基本的造型手段。首先要理解表现物体的形体结构，其次需要理解明暗表现基本规律，如图4-38所示。物体在光照条件下呈现三大面：受光最充足的亮面、侧对光的次亮面、背着光的暗面，如图4-39所示。物体各部分受光程度不同，从亮到暗的变化关系是最亮（高光）、次亮、明暗交接线、暗面、反光五个调子组成的明暗变化关系，如图4-40所示。

图4-38　建筑明暗表现（胡生海）
光影表现突出，水中建筑物、树木的倒影烘托意境。

图4-39　哈尔滨中央大街教育书店明暗表现（何欣）
色调凝重表现出建筑的质地坚硬、敦厚、宏伟，以横竖斜线的组织来表达光影透视关系。

图4-40 室内明暗表现（何欣）
异型空间，明暗线条表达强调石材、木质、织物、金属等的质感体现，产生个性效果。

对物体的明暗层次进行明度递减，注意亮面、灰面、暗面的关系，控制色差。

亮面，受光部，高亮度的亮色平面区；灰面，中明度的灰色平面区；背光与投影，低明度的深色平面区，如图4-41所示。

图4-41 乡村小房明暗表现（何欣）
画面细腻，光感与质感表达充分；光影变化对比鲜明，外形和建筑材料的表面肌理表现突出，流露出乡村气息。

突出重点、层次分明，重点部分轮廓线明确肯定，加强其明暗对比，刻画实些，更好地体现空间感和深度感，如图4-42所示。

图4-42　酒吧室内明暗表现（何欣）

构图上采用非平衡结构表达异型空间感，色调灰暗，质感纯朴，营造气氛。

4.6.3 综合画法

在线描与明暗画法的基础上产生，是线与面的结合画法，如图4-43所示。其特点是画面以线描为主，稍加明暗衬托，也可以明暗为主，稍加线描勾勒，如图4-44至图4-48所示。可以简单概括也可充分刻画，扬长避短，应用最为广泛。

图4-43 餐厅综合表现（李伟红）
通过疏密不同的点，经过排列刻画石墙、竹藤、花卉的质感，表现光影变化，曲线线条优美。

图4-44 森林小屋综合表现（谭婕姝）
线条细腻，画面精致，运用树干、枝的繁杂关系烘托意境。

图4-45　宿舍一角综合表现（何欣）

色调处理得当，利用线条的繁简对比突出主体，表现了不同的质感。

图4-46　建筑综合表现（曹海林）

线条与明暗调子的结合，既能够增强建筑形体的重量感，又能增加建筑形体的表现力。

图4-47　建筑环境综合表现（周杰军）
明暗为主，线条稳重，强烈的黑白对比与光影关系，表达出建筑物的坚实效果。

图4-48　圣•索菲亚教堂综合表现（周杰军）
主体建筑物通过对线条的组织排列，表达出了教堂的凝重质感。配景线条简洁，起到了对主体建筑物的意境烘托。

本章小结

本章主要是从室内效果图基础表现技法展开的，对速写、线条的表现技法进行了阐释，再通过建筑质感表现、建筑配景表现、室内陈设表现的技法训练进行空间表达。通过对基础技法的学习，为后续的内容作铺垫。

思考与练习题

1．场景、建筑速写训练。

2．实线、一般的线、飘线练习，包括线条的组合排列和光影表现练习。

3．建筑材料质感表现练习。

4．配景表现练习，包括：树木、山石、人物及交通工具等。

5．室内陈设表现练习，包括：家具、灯具等。

6．线描室内效果图表现练习。

第5章
室内效果图水粉表现

5

主要内容：

● 本章主要内容是室内水粉表现，包括水粉表现的特点、水粉表现的工具与材料、水粉表现的方法及步骤等。

重点难点：

● 理解水粉表现的特点，掌握其表现方法、步骤和技巧。

学习目标：

● 理解水粉表现的特点，并掌握水粉表现的技巧。

5.1 水粉表现的特点

水粉表现色彩浓重、鲜艳、强烈、厚实，又具有真实感。这些效果和特点是其他表现方法不具备的。表现特点在以下几个方面：

（1）厚薄共用。调配水粉颜料，稍稀时，效果流畅、湿润。且水粉颜料成分中含有不透明的粉质原料，能像油画那样表现出非常厚重的画面效果。因此能厚薄共用，达到特有的表现效果。

（2）纯度高，色彩明快、饱和。水粉颜料纯度较高，色彩明快、饱和，具有较强的表现力。故能给人色彩鲜艳、瑰丽润泽的视觉效果。

（3）覆盖能力强，能刻画深入。水粉颜料具有覆盖能力，在绘制画面中某部分画坏了，待干后用较稠的颜料可将其覆盖掉，便于纠正错误。这是其他表现方法不具有的。另外，水粉颜料易干，第一遍画完后，可在最短的时间内画第二遍，反复刻画表现出较多的层次且细部深入刻画。

（4）干湿变化鲜明。水粉的干湿变化非常鲜明，一般刚画上去时色彩润泽、鲜艳，干后则色彩变浅、发亮，初学者较难控制，需要长期的实践，逐渐摸索与掌握其变化规律。

5.2 工具与材料

5.2.1 颜料

有单色锡管颜料、单色瓶装颜料等。吸管颜料颗粒细腻，是绘制水粉建筑表现画使用的作画颜料。瓶装颜料颗粒粗糙，多用于绘制广告招贴。另外，还有一种瓶装水粉浓缩颜料，颜色非常细腻，同样适合用于绘制水粉建筑表现图。

绘制水粉表现画时，并不需要备齐所有颜色，一般除黑白两色外，主要有黄、红、褐、绿、蓝，每类色两三种冷暖色便可，如红色类必须有朱红和大红等。无法通过颜料调出的颜色如群青、玫瑰红、翠绿等，需要单独购买。白色作为基本调色剂来使用，用量较大，需多购数只。

白色类：锌白、钛白与锌钛白。

黄色类：柠檬黄、淡黄、中黄、深黄、土黄、橙黄等。

红色类：朱红、大红、深红、夕阳红、玫瑰红等。

褐色类：土红、赭石、熟褐、生褐等。

绿色类：粉绿、淡绿、草绿、中绿、深绿、翠绿、橄榄绿等。

蓝紫色类：湖蓝、钴蓝、普蓝、群青、青莲、紫罗兰等。

黑色类：炭黑、象牙黑等。

5.2.2 笔

水粉笔、毛笔、衣纹笔等。

最好选用专用的水粉笔，水粉笔有羊毫和狼毫之分，前者较软，后者较硬、有弹性。0～12号笔，作画者依据需要选购。另外，精细刻画时需要选择几只小毛笔及画工笔、国画的衣纹笔。此外，也可选用油画笔，以及底纹笔和排刷。

5.2.3 纸

水粉纸、水彩纸等。

用纸选择灵活，除太薄、吸水性太强的纸以外，一般的绘图纸均可。特别是在各种有色纸上作画，薄厚画法共用，厚画法遮盖住纸色，薄画法隐约透露纸色，带给画面和谐又丰富的艺术效果。无论选用什么样的画纸，作画时均应将纸裱在画板上，避免上色时纸面受潮形成的褶纹，影响作画。一旦画坏了，还可以用清水把颜色洗掉重画，而且又能使纸张不发生变形。

5.2.4 水

水粉表现画同水彩渲染画一样，需要用清水调配颜色，但水在水粉颜料中主要是用来调配颜色的稠度，并不是像水彩渲染那样用水改变颜色的深浅。通常需要准备两个盛水容器：一个盛清水，用来调配水粉颜料；一个盛洗笔用水。

5.2.5 界尺

界尺是用水粉画线必需的工具。界尺作画方便快捷，只是用界尺画线需要有一定的使用技巧，初学者要勤加练习。界尺有两种：一种为商店里出售的凹槽式有机玻璃直尺；另一种是自制界尺，将两把尺错出一边粘在一起自制台阶式界尺。

5.2.6 其他附件

调色盒、水桶、吹风机、丁字尺、三角板、云板、蛇尺、建筑模板等。

5.3 水粉表现的方法及步骤

5.3.1 表现方法

1. 湿画法

颜料中水的比例多，画面轻薄，结构形象和色彩关系较弱。画面效果与水彩渲染效果相似，含蓄自然，产生一种和谐的美感。湿画法适用于表现一些转折不明确的物体及配景，尤其是画云、远山、树木等内容。涂抹遍数不宜过多，避免造成脏灰等不良的画面效果。局部最好一次完成，修改时先用清水晕湿，以便衔接色块。表现亮光时，可以在纸上流出空白。常用的湿画法有：

（1）湿接法。颜料中含水比例较多且适度，两种或多种颜料同时画在纸上使颜色之间互相渗透、相互融合和衔接，从而产生微妙丰富的色彩变化。适宜表现画面的暗部及远景或转折含蓄部位。

（2）晕染法。通过渲染而使色彩产生渐变的效果。要求作画速度要快，作画之前要把几种颜色准备好。适宜表现建筑配景及远景中的天空、水面与群山等。

（3）湿叠法。依据水粉颜料的干湿时间掌握水粉，当前一遍水未干时趁湿叠加，后一遍的水分略少于前一遍，以不损坏原先所表现的效果。适宜表现画面中物体的暗面与背光部分。

2. 干画法

颜料中水的比例少，画面厚重，体积感和表现力强。通常是先湿画后干画，先暗部后亮部，先用湿画法处理暗部和背景等需要“虚”的部分。然后用干画法深入刻画“实”的主体形象。常用的干画法有：

（1）层加法。循序渐进地刻画物体的形体、结构及色彩的细微变化与不同材料的质感表现。适合于表现画面中的重点部位，尤其是去表现对比强烈的物体与坚硬之感的物体。

（2）枯笔法。笔上含水少，用笔速度快，产生了一种类似书法中的飞白的效果。适宜表现粗糙疏松的物象和扫射效果，使画面生动活泼。

（3）接色法。要求落笔肯定，用色明确、不拖泥带水，不在画面上反复制作和修改，能够覆盖住原有颜色。这种画法的优点是色彩明快、笔触含蓄、色块衔接柔润。

干湿画法相互融合，虚实结合，产生和谐的艺术效果。

5.3.2 作画要领

1. 白粉的使用

建筑水粉表现画中，通常是依靠加白色颜料来调节水粉颜料的深浅，白色加得越多，颜料就越浅，从而提高颜料的明度。另外，在大面积涂刷水粉颜料时，适当地加一点白色，可以使画面颜色产生均匀的效果。

2. 颜料干湿的控制

当水粉颜料刚涂上画面时，即画面湿的时候，明度较低，颜色较深；干的时候则明度提高，颜色较浅。这种比较明显的差异正是水粉颜料的特性，故作画时要充分考虑这一因素，预留出色彩的表现余地。初学者较难把握，需要多试多练，逐步把握这一规律。

5.3.3 绘画步骤

1. 准备工作

（1）裱纸，如图5-1所示。

（2）起稿，如图5-2所示。

（3）色彩小样，如图5-3所示。

图5-1 裱纸步骤

（1）在纸背面四周刷1cm左右的白乳胶。

（2）用排刷在纸的背面刷水。

（3）把纸翻正面，用手压实。

（4）用风筒先吹四边，再吹中间，待干即可使用。

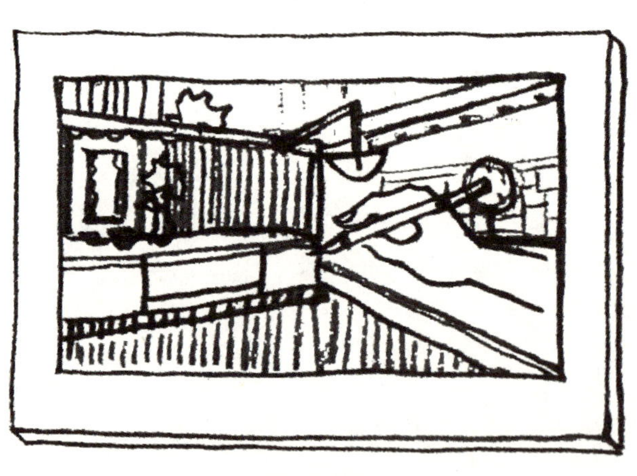

图5-2 起稿

为了保证效果图的图面清洁，要在绘图纸或拷贝纸上绘制透视底稿。再将底稿拓拷贝到正图上。有以下三种方法：

（1）直接在拷贝台上描拓后，将描拓完毕的图纸裱贴在画板上。

（2）用胶带将底图粘贴在正式图纸上，用硬铅笔（3H～6H）描绘轮廓线。图纸上呈现完整图稿刻印后用笔画出。

（3）用软铅笔在底图背后有线条的地方涂抹一遍，翻过来描拓，在正式图纸上会呈现完整图像。

图5-3 试色

在正式图纸绘制前把头脑中的构思用色彩小样表现出来，制作数幅色彩小样稿，反复比较，以便发现问题，及时调整，做到胸有成竹。色彩小样上不需要推敲细节，集中精力在大关系上。色彩小样主要解决的问题有：

（1）色调的选定。

（2）形体的塑造。

（3）美感的创造。

2. 着色过程

（1）绘制背景，如图5-4所示。

（2）塑造形体的空间关系。

（3）界面的细部刻画，如图5-5所示。

（4）画面的整体调整。

图5-4 铺底色

为了使画面色调达到和谐统一，我们通常在作画之前在整幅画面上平铺一次画面的基础色调，之后绘制画面色彩关系和形体空间关系。

3. 绘制完成后的画面装裱

图5-5 细部刻画

对画面中各个界面上的具体造型、装饰图案、材料的肌理和质感、画面细节等围绕画面整体效果展开刻画。

5.4 作品欣赏

图5-6 水粉表现——空间一角（桑丁洁）

多使用湿画法，色调淡雅。体量和光影的表现柔和。

图5-7　水粉表现——细部刻画（何欣）
干画法，局部表现，色调淡雅，变化丰富，质感把握准确，虚实生动。

图5-8　水粉表现（刘京洋）

干画法，画面色调浓重，虚实得当，刻画深入，座椅表现突出。

图5-9 水粉表现（王松青）

干画法，画面陈设品内容丰富，家具、织物、植物等质感表现生动，与空间墙体和地面背景形成对比。

图5-10 水粉表现（吴昊）

干湿对比，背景天空采用湿画法，前景建筑物采用干画法，并进行了细节刻画，使空间感增强。

图5-10 水粉表现（吴昊）

干湿对比，背景天空采用湿画法，前景建筑物采用干画法，并进行了细节刻画，使空间感增强。

图5-11　水粉表现（王爽）

该作品对于局部环境的特征进行了较为细致的刻画，大大丰富了室内空间的层次。加上色彩的强烈对比，使整个就餐环境更加突出。

图5-12　水粉表现（王爽）

画面中对于人物刻画得较为细致、完整，使简单的室内空间氛围变得丰富，且符合场所特征。

图5-13 水粉表现（王爽）

利用水粉颜料覆盖力强的特点，将画面中的舞厅背景表达得更加昏暗，以便突出舞池环境。其局部光源采用了喷绘的技巧，丰富了画面。

本章小结

本章主要是针对室内效果图水粉表现展开的，对水粉表现的特点进行了阐释，再通过水粉表现的工具与材料、水粉表现方法及步骤等内容的讲解，使学生掌握效果图水粉表现的技法。

思考与练习题

1. 室内绿化和配饰的单色、多色水粉表现训练。
2. 选择一组室内家具及空间局部进行水粉效果图表现练习。
3. 根据一宾馆室内大堂空间实景进行水粉效果图表现练习。

第6章 室内效果图水彩及钢笔淡彩表现

主要内容：

● 本章主要内容是室内效果图水彩表现，包括水彩渲染基础、钢笔淡彩表现和水彩表现技法三个方面。

重点难点：

● 了解水彩渲染图基础。

● 了解钢笔淡彩表现的特点。

● 掌握水彩表现的技法及步骤。

● 掌握钢笔淡彩表现的技法及步骤。

学习目标：

● 理解并掌握室内效果图水彩及钢笔淡彩表现的技法。

6.1 水彩渲染图基础

水彩渲染所用的绘画原料是水彩颜料，属于半透明性质，其特点有：

（1）形式单纯概括，色彩轻快透明，水分充沛丰润，给人清新、舒畅、淡雅的感觉。

（2）作画过程由浅至深、由淡到浓、逐渐加强。

（3）画面覆盖力较弱，落笔为定，不宜反复修改，画面中的亮部都必须靠预先留出的白色，其明度主要靠水分的多少来控制。

水彩渲染技法分湿画法和干画法两种，湿画法是最具有“水”之韵味的一种表达技巧，其画面的控制较为困难。其突出特征是，在第一遍色未干时，马上叠合第二遍颜色，使前后两种色相互相渗透，形成另一种色彩，既丰富又没有笔触变化。

干画法在水彩表现图的应用上比较普遍，原因是干画法在着色过程中要先浅后深，可以层层进行深入刻画，其画面笔触明显、形象清晰，和湿画法相比，画面的表现效果更加自由、流畅。在完成一幅水彩表现图过程中很少只用一种单纯的技法。通常是将两者结合在一起,干、湿并用。一般情况下，空间画面虚的部分侧重湿画法，空间画面实的部分以干画法为主。在水彩渲染技法中，干湿相结合是一种最理想的表达手段，可以扬长避短，既有鲜明的色彩美感，又有表现形式的丰富变化。

6.1.1 单色几何形体渲染

单色几何形体渲染是学习水彩表现图的第一步，主要有两方面的目的：

（1）了解和掌握水彩的绘制程序，如图6-1所示。

（2）如何利用水分与颜料的调和来塑造形体，如图6-2所示。

图6-1 正立方体的水彩表现步骤

（1）要选择明度低的单一纯色进行渲染（如冷色系列）。

（2）明度的变化靠水分的多少来控制，水分越多其明度越高，反之越低。

（3）颜料的调和不宜过稠，那样会失去水彩鲜明的特性。

图6-2 几何形体的水彩表现

6.1.2 几何形体色彩渲染

几何形体的色彩渲染是在单色的基础上，利用绘画原理画出形体的色彩关系，如图6-3所示，包括物体的亮部色彩倾向、灰度部分的色彩倾向及暗部的色彩倾向，如图6-4所示。

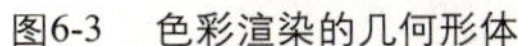
图6-3　色彩渲染的几何形体

图6-4　几何形体的色彩渲染方法
（1）注意色与色的衔接要自然，整体色调要和谐，无笔触。
（2）色彩的变化不宜过多，容易产生“花”、“乱”。只要体现出色彩的冷暖、色度、层次变化即可。

6.1.3　单色建筑局部渲染

建筑形体受光线的影响会产生复杂的明暗变化，形体结构的表达主要靠色彩的浓淡体现。所以要善于区分各层次的明暗关系，善于对复杂的明暗关系进行概括，如图6-5所示。

图6-5　建筑细节的单色渲染
（1）受光部分的色调浅淡、层次变化微妙。
（2）背光部分的色调要概括，不要变化过于繁杂。

6.1.4 建筑局部色彩渲染

色彩的和谐统一主要是体现在色相、纯度、明度三者的运用上。既要体现建筑本身的材质特征，又要有丰富的色彩变化，如图6-6所示。

图6-6 建筑局部的色彩渲染

（1）受光部分的上色次数不宜过多，以免画面变“灰”，失掉水、色的鲜明性。

（2）背光部分的色调要概括，不要有太多的色彩变化，其色彩的丰富性主要表现在形体的中间部分。

6.2 钢笔淡彩写生

钢笔淡彩写生更加注重线条与色彩的结合。线条语言可以说是表现对象中的灵魂，通过线条把建筑本身的内外轮廓、体积、质感、空间、姿态、动势、透视、比例等客观元素表达出来，然后再施以色彩，其色彩的表达不可以面面俱到，只要能够表现出空间氛围即可，过分地强调画面的完整形势必会造成画面韵味的降低，如图6-7所示。

图6-7　刻画生动具体的钢笔淡彩表现（潘锐）
将建筑的特征刻画得比较具体，色彩表达准确，加上周围配景的细致处理，突出了主要表现对象的特征。

钢笔淡彩写生是学习室内水彩表现图的前提。钢笔淡彩写生对于色彩的练习，不能拘泥于简单的色彩表达，要在自然中发现色彩的构成规律，要将色彩倾向进行主观处理，也就是对色彩的各种元素进行拆分，然后再重新组织，不能看到什么画什么，如图6-8所示。既要以整体画面为前提，又要合理地安排局部色调，脱离了全局的色彩倾向容易造成画面调子零散，色彩再丰富，也会使所表现的对象变得模糊不清，如图6-9所示。

图6-8　以线条为主的钢笔淡彩写生（黄国龙）
该作品以塑造建筑结构特点为主，重点是对建筑主要特征的描绘，所以线条语言运用是作为画面中的灵魂。而色彩只是作为“灰度”出现，起到烘托环境气氛的作用而已。

图6-9　细节刻画深入的钢笔淡彩写生（曾庆浩）

该作品对于近景中的树及水中倒影都进行了细致深入地刻画，加上对岸上人物的描绘，使画面更加生动，缺点是远处建筑的描绘用笔不够灵活，显得很拘谨。

另一方面，从运笔的技巧上看也是极其重要的一个环节，如图6-10所示。笔随心动，意在笔先，如图6-11所示；下笔之前要认真观察，反复揣摩，然后要以极大的热情快速地表现，如图6-12所示；用笔一定要自由、随意，迅速表现出物象的特点，快想快画，始终保持一种非常兴奋、非常敏感的状态，只有这样才能使作品具有强烈的感染力和生动的艺术魅力，如图6-13所示。

图6-10　材质刻画深入的钢笔淡彩写生（崔驰）

对于墙体和地面肌理特征的深入刻画，使呆板的构图变得丰富起来。

图6-11　空间层次丰富的钢笔淡彩写生（董鹏）

对于地面及墙面上植物的适当刻画，加强了整体空间的层次感。如果地面钢笔线条的提炼更有秩序、更简练，则画面效果会更好些。

图6-12　刻画整体的钢笔淡彩表现（张国强）

建筑水彩钢笔画中的树是最普遍的表达对象，但比较难把握。既要处理好形体的结构特点，又要表现出丰富的色彩印象，所以在画之前要做到胸有成竹、落笔准确。

图6-13　色彩表现整体的钢笔淡彩表现（任虎）

画中的石头作为主要表现对象，其色彩变化较为简单，因此要以钢笔作为主要表现形式。画面中的形象通过钢笔线条的加工，非常生动地表现了石头的外形特点，加上色彩的塑造，使画面统一、协调。

6.3 工具与材料

6.3.1 画笔的种类

（1）水彩笔。羊毫或狼毫制作，含水量较为适中，有圆头和扁头两种，在效果图的表达上，扁头笔较为常用。准备4号、6号、8号、12号即可。

（2）貂毛笔。弹性较好，藏水量丰富，用笔更加顺畅，但价格贵。

（3）毛笔。准备白云（大、中、小）、叶筋等三到四支均可，适合表达画面中细微部分的刻画，或是某些室内配景的塑造。

（4）钢笔。钢笔是建筑钢笔画中最普通的作画工具，也就是人们通常所说的自来水笔，画速写为最佳。

（5）美工笔。在建筑钢笔画的绘制过程中，为了得到宽窄不同的线形和丰富的线条组织，同时又有大面积的笔触效果，多数画家会选择美工笔，美工笔的特点是利用笔尖弯曲的构造可以画出粗细不均的美丽线条，而且用笔流畅，通常意义上适合建筑速写及对表现对象灵感源泉的快速记忆。

（6）针管笔。针管笔发明于20世纪50年代，因其使用上的便利和精确性在工程制图上受到广泛欢迎，并延续到今天。针管笔又称绘图墨水笔，是专门用于绘制墨线线条图的工具，其应用的领域较为宽泛，如工业设计、建筑设计、环境设计、室内设计、服装设计等许多领域的表现图，可以画出精确的且具有相同宽度的线条。

针管笔的针管管径的大小决定所绘线条的宽窄。针管笔的管径有0.1～1.2mm的各种不同规格，在实际的作画当中一定要根据内容题材的特点来选择适合的规格。使用针管笔时应注意以下几点：

- 绘制线条时，针管笔身应尽量保持与画面垂直，以保证画出粗细均匀一致的线条。
- 针管笔作图顺序应按照先上后下、先左后右、先细后粗的原则，运笔速度及用力应均匀、平稳。
- 针管笔除用来作直线段外，还可以借助圆规的附件和圆规连接起来作圆周或弧线。
- 平时应该正确使用和保养针管笔，以保证针管笔有良好的工作状态及较长的使用寿命。在不使用时应随时套上笔帽，以免针尖墨水干结，并应定时进行清洗，以保证用笔流畅。

（7）板刷。主要用来裱纸及进行大面积的色彩铺设。准备大小两只即可。

（8）其他工具。界尺、调色盒、抹布、涮笔桶等。

6.3.2 纸的选择

钢笔淡彩效果图表现对于纸的要求比较挑剔，纸面纹理过于粗糙不利于大面积运笔，过于平滑的纸面吸水性较弱，不利于发挥水彩语言的特性，所以选择水彩纸要考虑以下几个方面：

（1）纸对颜料的还原性要好。

（2）水彩纸应有一定的厚度，吸水性恰到好处。

（3）水彩纸表面要洁白、亮度高。

（4）画水彩效果图必须裱纸，表面平整容易控制水分。

下面介绍裱纸的方法。

准备好纸张、画板、喷壶、水桶、毛巾、纸胶带、板刷等物件。开始裱纸时先把水彩纸的两面均匀打湿，让纸最大限度地吸收水分，然后用毛巾将纸中多余的水分擀出，使纸面平整地铺在画板上，如图6-14所示，最后用胶带将四周粘牢即可，如图6-15所示。

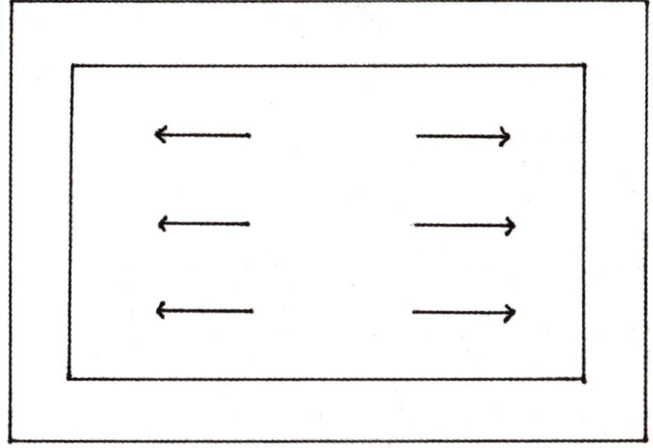

图6-14　裱纸步骤一

将纸平放到画板上，用板刷蘸水从左至右均匀地刷满纸面（两面都要刷），一定要使纸的表面平整；然后用毛巾将多余的水分吸干。

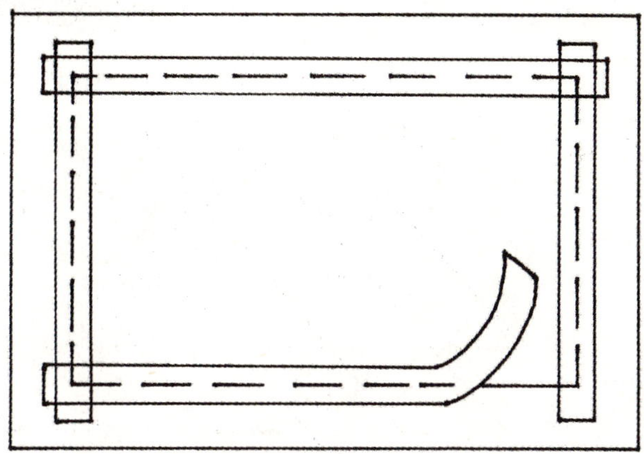

图6-15　裱纸步骤二

用板刷将纸胶带含胶的一面擦湿（不宜弄得太湿，以免失去粘性），然后迅速地沿着画纸的四边贴在画板上，等到纸张彻底干透即可作画。

6.3.3　颜料的选择

水彩画颜料相对透明，由于颜料特性不同，所以水彩的透明度也有所区别，最透明的颜色包括玫瑰红、普蓝、酞青蓝、翠绿等；不透明的颜色包括土黄、熟褐、钴蓝、铬黄、印度红等。透明颜色适合叠加，不透明颜色适合第一遍铺色。

目前普遍使用的颜料主要是国产的“马利”牌和英国产的“温莎 牛顿”牌水彩颜料。

6.4　水彩表现的技法及步骤

6.4.1　木材表现

木材的特征是有天然的纹理及亲切的视觉美感，不同的木材种类具有各自的肌理表征，如图6-16所示。所以，在室内效果图绘制过程中对于质感的表达要符合木材本身的材料倾向（包括色彩、脉络、肌理等），如图6-17所示。

图6-16　不同种类木材的肌理表现

图6-17　木材的水彩表现做法
（1）利用针管笔画出地板的结构。
（2）用宽笔涂出木质底色。
（3）画出地板上的投影。

1. 单体木质家具的表现

绘制独立的木质家具既不能细致地过分刻画也不能轻描淡写地表达，要抓住物质的最直观、最感人的视觉特点，经过艺术地加工、整理，用简洁的方法迅速地描绘出该形体的主要表征，如图6-18所示。

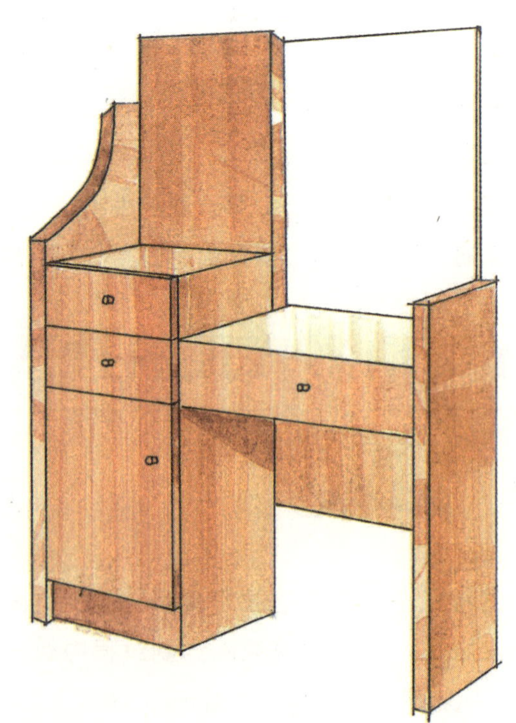

图6-18 单体木质家具表现的具体做法
（1）用钢笔或针管笔画出形体的结构特点。
（2）大面积铺出材质的共有色。
（3）用干笔画出深浅不一的底纹及明暗关系。

2. 空间中木质家具的表现

空间环境中的家具表达，其刻画的程度要符合整体表现风格及形式语言，不能单纯地只注重某一质感的深入表达，要统一、协调。过分地刻画材料本身的特点，虽然看上去很精致，但会破坏整体画面的美感，如图6-19所示。

图6-19 空间中木质家具表现的具体做法

材料本身的质感描绘要与整体画面的风格特征保持统一，也就是用线条表现的材质要统一到整个空间环境当中才能做到协调一致。

6.4.2 石材表现

1. 大理石表达技法

大理石（也称云石）具有缜密的隐晶结构，其纹理多变，色彩斑斓，外观华丽，多用于地面铺装和墙面铺装。大理石的表现技法主要有两种：湿画法和干画法。有时可以将两种画法相结合，效果会更好。

（1）湿画法。

1）根据材料的肌理特征画出有深浅变化的大理石底色。

2）趁画面未干快速深入至最后完成，如图6-20所示。

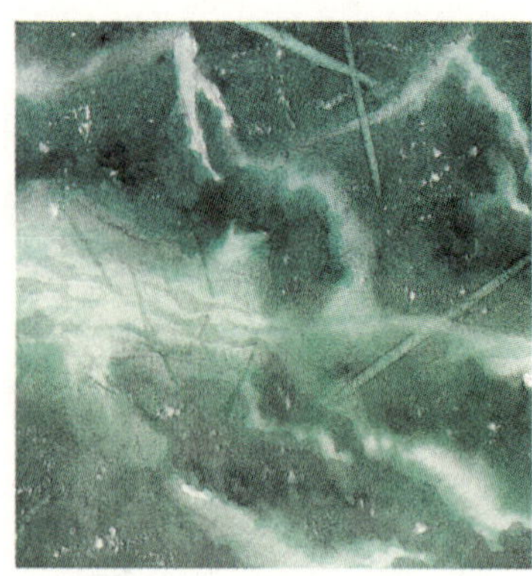

图6-20　石材湿画法表现

（2）干画法。

1）涂底色，画出大理石材料表面的色彩倾向。

2）用毛笔干画大理石纹理，如图6-21所示。

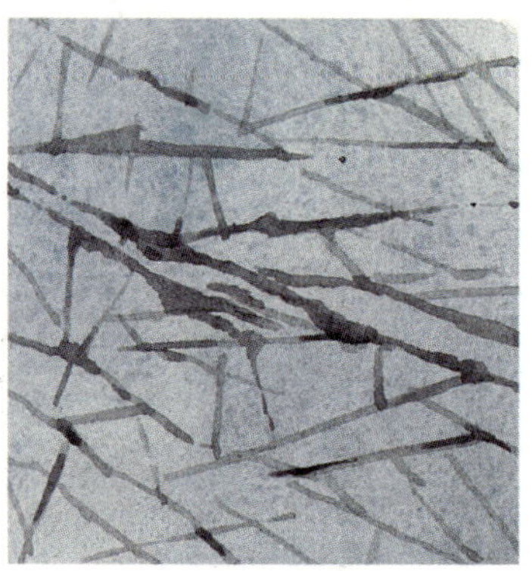

图6-21　石材干画法表现

2. 异形石材表达技法

异形石材在铺装上并没有一个统一的规范，所以在视觉美感的表达上较为容易。

（1）大面积画出石材的基本色彩基调，然后再画某些局部色彩。

（2）用粗线勾勒出石材的基本形状，如图6-22所示。

图6-22　异形石材表现

3. 叠石表现技法

在室内环境设计领域，石是非常重要的艺术造景素材，尤其是室内的园林景观，既能绿化室内环境又可供人们观赏，所以在室内空间中的门厅、过厅、中庭、大堂等局部环境可以设置一些山石造景，如图6-23所示。

图6-23 叠石表现

叠石的常用手法主要有散置和叠石两种。叠石的表现方法较多，有卧、蹲、挑、洞、窝、悬、垂、跨等。多数是与其他配景结合使用。

石材与植物、水体结合使用是最理想的造景形式。通过对天然的环境进行微观的处理，使得室内空间更显得自然、和谐并富有情趣，增强了室内、室外空间的统一、变化，如图6-24所示。

图6-24 植物与叠石的整体表现

6.4.3 不锈钢及玻璃表现

不锈钢物体的特征是材料表面有一定的光泽，能够反射出周围物体的形状、色彩，并具有很强烈的质量感、金属感，给人的感觉是坚硬、挺拔、寒冷，如图6-25所示。

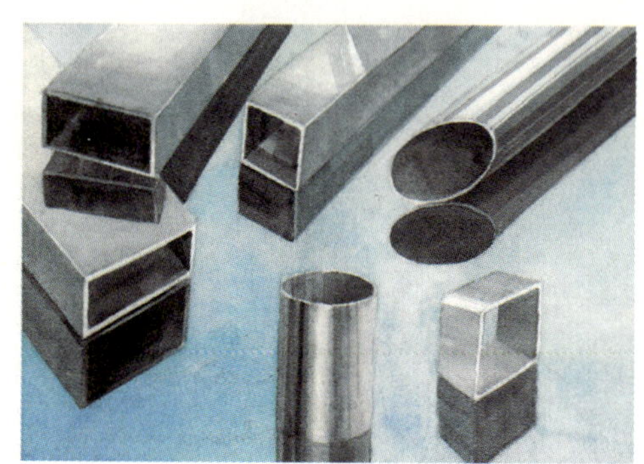

图6-25 不锈钢表现

玻璃的种类较多，不同的品种都有着各自的特点。因反光、透明使其具有不同的性格差异，虽然表面变化复杂，但从绘制的方法上并没有烦冗的表达技巧，如图6-26和图6-27所示。

图6-26 磨砂玻璃表现

磨砂玻璃属于半透明状，能够含混地映出物体的形状，所以不要刻意去表现周围物体的形态特征，只要有淡淡的色彩倾向加上光线的表达即可。

图6-27 镜面玻璃表现

镜面具有很强的反射力，能够将周围的物体反映出来，但镜子中远处受光线的影响其影像比较模糊、近处的形象比较清晰，所以在效果的表达上要近实远虚，不可过于追求镜子中的物体形象。

6.4.4 软性材料表现

软性材料主要是指沙发、椅子、装饰织物等陈设。其特点是能够营造温暖、亲切、柔和的环境氛围，所以表面的质感特征是微妙的，如图6-28至图6-30所示。

图6-28 沙发、地毯表现

（1）大面积画出物体的基本色彩倾向。

（2）画出形体的凸凹关系或脉络特征。

图6-29 布艺表现

图6-30 桌布、椅子表现

（1）用钢笔或针管笔画出形体的基本特征及明暗关系。

（2）按照物体的转折快速地画出形体的色彩。

一幅作品多数是以综合材料出现的，对于其中装饰材料的表现不能面面俱到、深入刻画，要有所侧重，突出主体元素的特征。过分地表达每一种材质也会丧失室内效果图的味道，要做到适可而止、恰到好处，如图6-31所示。

图6-31　材质的综合表现

6.5　钢笔淡彩绘制步骤

6.5.1　钢笔透视图表达

运用透视知识将设计方案表达出来并不是把透视简单化、概念化，而是要让学生能够利用线条勾勒出形体的特征，如图6-32所示，既要体现极强的表现力和概括力，又要有强烈的艺术感染力，具体讲就是空间概念准确、比例关系清晰、运笔缓急有致、布局疏密交错、气氛营造含蓄而富有节奏，加上色彩便是一幅生动的表现图，如图6-33所示。所以，透视图的练习不能机械地把平面图画成立体形象，而是要通过透视原理将画面组织得更生动、更合理、更巧妙，如图6-34所示。

图6-32　表现家具为主的钢笔透视图
将部分家具的质感表现出来，突出了室内空间特征。

图6-33　表现空间结构的钢笔透视图
对于近景物体的结构及来龙去脉表达清楚，有利于拉开空间的虚实关系。

图6-34　表现空间层次的钢笔透视图
此图用笔较为灵活、自由，并极为细致地表现出空间层次。其中对中间格调的刻画更为完整。

6.5.2 上色程序

利用水彩绘制室内效果图，其着色步骤是相当重要的。水彩的着色方法是由浅至深、由淡至浓，逐渐加强，始终要控制好颜料的饱和度。由于水彩覆盖力较弱，所以不能无限制地层层叠加，由此会造成画面表现效果污浊，如图6-35至图6-37所示。

图6-35　上色步骤一

用钢笔或针管笔画出透视线稿。对于重点的部分要着重强调，但不能过分刻画。线的运用要自由、连贯。

图6-36　上色步骤二

用水彩笔大面积概括地画出设计方案的基本色彩倾向（第一遍以浅色为主），目的是进一步加强表达空间的素描和色彩关系。

图6-37　上色步骤三

在第一遍浅色的基础上逐渐加重色彩，有主有次地深入刻画每一个表达对象，直至完成。

6.6 水彩表现图实例分析

图6-38 室内公共空间的水彩表现（王爽）

利用退晕的技法表现空间环境是水彩效果图比较常用的一种绘制方式，其特点是色与色衔接柔和、没有笔触，能够将水彩的特点发挥到极致。

图6-39 室外建筑环境的水彩表现（王爽）

利用水彩表现室外建筑能够体现出水彩颜料轻盈、透明的效果，既有效果图的表现特点，同时又兼具绘画的艺术特色。

图6-40 室内餐饮空间的水彩表现（王爽）

重点强调室内的家具、墙体造型及就餐的气氛，而忽略地面的渲染，使画面中增加了空间自由度。

图6-41 室外配景丰富的水彩表现（王爽）

对于周围配景的深入描绘能够突出主体建筑，但不能喧宾夺主，要恰到好处。该作品无论是建筑的描绘还是周围景物的刻画都十分准确地表达了作者的设计意图，而且对于水彩技法的掌握更加熟练，对于色彩语言的表现更加到位。

本章小结

本章主要是从室内效果图水彩表现展开的，对工具、材料和渲染基础进行了阐释，对材质的表现技法进行训练。通过对钢笔淡彩表现和水彩表现技法、步骤学习，达到对室内效果图水彩表现熟练掌握的目的。

思考与练习题

1. 几何形体的单色、多色渲染训练。
2. 建筑局部的单色、多色渲染练习。
3. 建筑钢笔淡彩的临摹、写生训练，包括小场景写生和远景写生。
4. 不同材料的质感练习（包括木材、石材、不锈钢、玻璃、软性材料等）。
5. 选择一组组合家具及室内空间局部进行效果图练习。
6. 以室内实景照片为例画出透视关系及明暗变化的钢笔透视图。
7. 分别以居住空间、公共空间和商业空间为例进行钢笔淡彩效果图练习（室内实景照片）。

第7章 室内效果图马克笔表现

7

主要内容：

● 本章主要内容是室内效果图马克笔表现，包括马克笔表现的特点、方法、步骤和方案表达技巧四个方面。

重点难点：

● 了解马克笔表现的特点。

● 掌握马克笔表现的方法。

● 掌握马克笔表现技法的步骤。

● 掌握马克笔初步设计方案表达技巧。

学习目标：

● 掌握马克笔表现室内效果图的方法。

7.1 马克笔表现的特点

马克笔建筑表现图是艺术设计、建筑设计、工业造型等专业的一门重要的基础课程。马克笔建筑表现图是设计师表达设计意图、与甲方沟通及同行交流的一种最直观、最快捷的表达形式，所以无论是美术学院还是综合性普通院校都把马克笔建筑表现图作为主要学习科目。

马克笔的特点主要体现在工具简单、色彩种类繁多、着色迅速、携带方便。对于建筑师、设计师而言这再好不过了，可以说马克笔是表达设计方案最理想的绘画工具，马克笔表现有着特殊的艺术魅力。在他人看来，用马克笔表现对象比较容易，只要大致画出色彩关系就可以了。其实不然，优秀的马克笔表现图是具有一定艺术品味的，并不单单是反映设计方案的，其艺术的魅力在于马克笔的色彩如何与钢笔线条有机地结合。色彩的表达要符合设计方案的基本要求，不能过于夸大物象的色彩属性，所以，在技巧的处理上要恰到好处、点到为止，过多的修饰都会影响马克笔表现语言的艺术性。钢笔线条与马克笔相结合是绝佳的表现形式，钢笔线条用笔要随意、自由、洒脱；马克笔用笔要迅速、准确、丰富，画面处理要轻松愉快，不可面面俱到，只有这样才能将两者的作用发挥到极致。

学习马克笔建筑表现是一个较为艰难的过程，需要对每个阶段的知识进行认真、细致的练习。既要有扎实的专业绘画基本功，又要有一定的悟性，两者缺一不可。只有经过长时间的不断努力，通过大量的作品积累，才能掌握马克笔表现语言，并为以后设计方案的表达提供坚实保证。

7.1.1 工具“表现语言”特点

马克笔的特点主要体现在工具简单、色彩种类繁多、着色迅速、携带方便。对于建筑师、设计师而言再好不过了，可以说马克笔是表达设计方案最理想的绘画工具。马克笔由于自身工具的特点，形成了独立的艺术感染力和表现方式，在表现图的领域中，可谓独树一帜。马克笔与其他绘制工具的最大区别是，它可以直接对物象进行表现，不需要用任何媒介调和，并且可以在不同的时间、地点作画，既方便又快捷。

7.1.2 造型语言特色

从用笔和表现上更具有其特殊的艺术性和极强的概括性。马克笔对于空间的表现注重线条的排列方式和色彩表现的渲染，追求运笔技术与艺术的和谐统一，强调色彩语言的概括性和空间氛围的表现性。

7.2 马克笔表现工具与材料

针管笔：用来勾画建筑空间的透视轮廓，准备0.4、0.6、0.8等型号即可。

马克笔：分水性和油性两种。以油性的使用较为普遍。

纸张：120～180克的复印纸或表面光滑平整的水彩纸。

彩色铅笔：24色彩色铅笔一套，或水溶性彩色铅笔一套。

7.3 马克笔表现图的方法

7.3.1 线条排列方式

马克笔效果图语言是通过线条的排列来塑造形体的，而且是主要表现方式，不同的线条表达会呈现不同的画面效果及艺术特色。归纳起来主要体现为以下几种方式：

（1）平涂表现。用笔从左至右，由上到下，要有一定的方向性，不能随便涂抹，如图7-1所示。

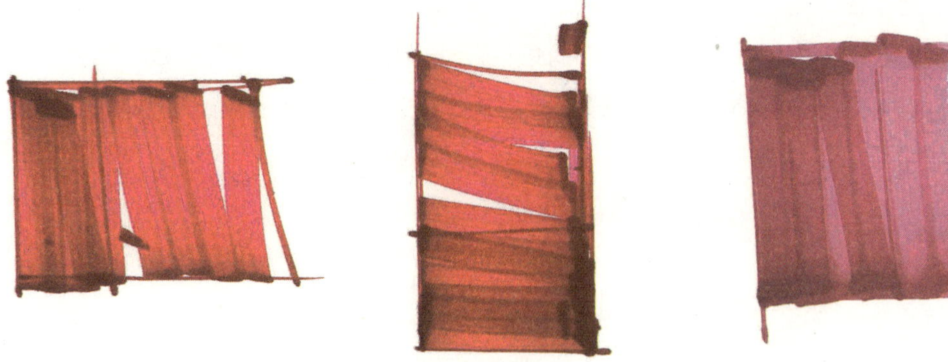

图7-1　马克笔线条表现

（2）渐变表现。这种表达方式能够使形体色彩变得更加丰富，具有很强的层次感。主要有两种表达方法：一种是相近色绘制，一种是多种色相表现。相近色形体的表现注重明暗关系的处理，要疏密变化恰到好处，线条粗细安排合理；多种色相形体的塑造要体现色彩语言的特色，既要表现形体的主要色彩倾向，又要将色彩中的明度、色相、纯度有机地结合起来，如图7-2所示。

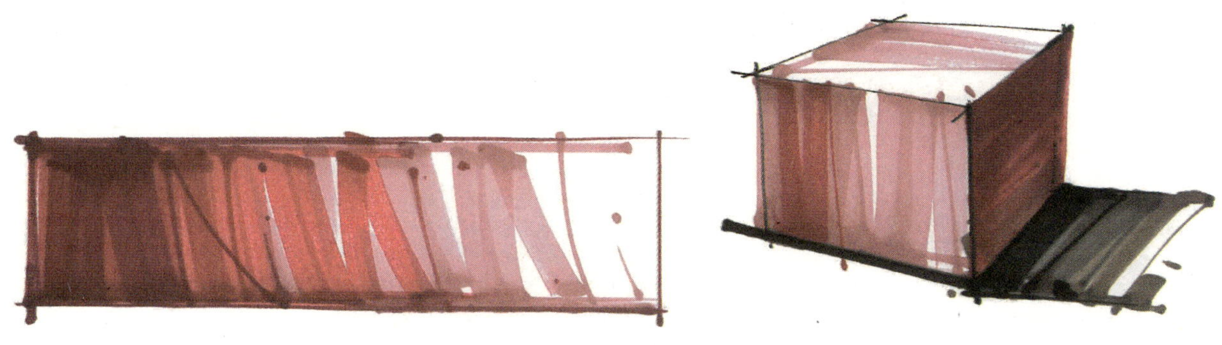

图7-2　马克笔渐变表现

在绘制过程中要由浅至深层层覆盖，线的排列要有一定的规律，色彩面积比例要得当。多种色彩组合来表现形体结构，既能丰富画面效果，又能加强表现图的艺术性。由于马克笔不易修改，因此上色前要定好整体色调，统一调配颜色，上色要快要准，如图7-3所示。

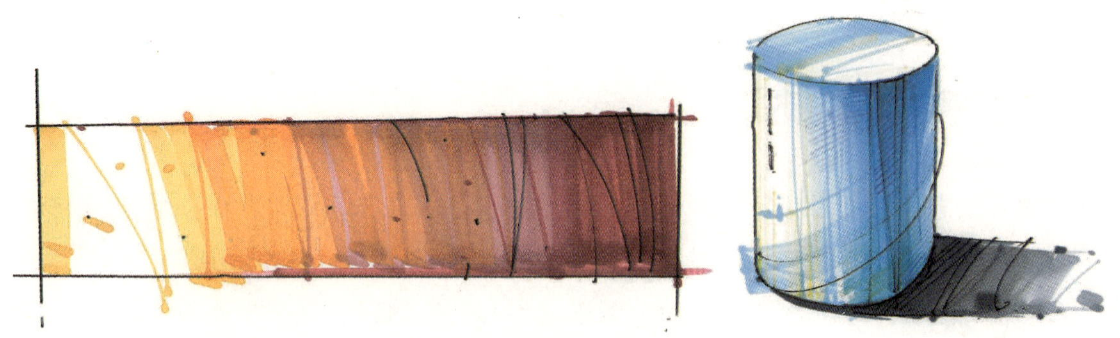

图7-3　马克笔线条上色表现

7.3.2 家具及配景画法

室内效果图中的家具和配景是空间环境不可缺少的客观元素。家具是反映空间特征的主体，而配景能活跃空间氛围，处于从属地位。所以对于家具的表现上要适当深入一些，尽量画出材料的质感，其配景的表现相对弱一些，甚至可以轻描淡写，只要与空间环境特点融合在一起即可，如图7-4所示。

图7-4 马克笔座椅表现

家具是室内设计中的重要因素，在刻画过程中尽量将家具的特征表达清楚，无论是家具本身的造型还是材质都要通过线条和色彩体现出来，所以在绘制过程中既要有线条表现语言的变化又要有马克笔的表现方式，如何将两者有机地结合是表现好家具效果的关键，如图7-5所示。

图7-5 马克笔家具表现

人物的刻画首先用钢笔线条画出形体特征，用线要抓住描绘对象的动势，线条表达要自由、流畅。色彩的表现以简洁明快为主，只要有一定的色彩倾向即可，如图7-6所示。

图7-6 马克笔人物表现

室内中的植物表现既可轻描淡写又可深入刻画。在绘制的过程中只要能够体现植物的特点即可，但要注意外形变化。植物的着色可以平涂也可有轻重变化。同时，色彩的用笔表达以轻盈、明快为好，如图7-7所示。

图7-7 马克笔植物表现

7.4 马克笔表现技法的步骤

利用马克笔绘制室内效果图，其成功与否的关键在于马克笔步骤的掌握。由于马克笔的材料特点是覆盖力较差，不能进行多层渲染，所以在作画过程中始终要由浅至深，层层叠加，才能发挥马克笔自身的特点，如图7-8至图7-11所示。

图7-8 马克笔表现步骤一

确定总体色调，做到心中有数。简单地画出室内的色彩倾向及投影，注意观察空间关系。

图7-9 马克笔表现步骤二

在上一步的基础上深化颜色，大胆用笔，并且随着色彩的深化适当调节线稿细节，确立色彩关系。

图7-10　马克笔表现步骤三

深入刻画材质，将设计中的材质尽量表达清楚，方法不必拘泥于理论，只要表达清楚即可。

图7-11　马克笔表现步骤四

继续深化，强调色彩及空间关系，局部细节调整。

7.5 马克笔初步设计方案草图表达技巧

马克笔初步设计方案草图的绘制是设计师与甲方沟通的最初设想，通过草图的形式表达自己的设计意图，并与业主进行交流，使业主对整体空间格局的安排有一个基本认识，为下一步完善设计方案提出修改意见，最终确定总体设计方案。所以，设计方案草图的绘制只是提供给人一种设计意念，不需要细致地刻画和渲染。

7.5.1 平面图绘制

平面图是设计师基本设计方案构思的初步反映，其画面表达要以徒手绘制为主。具体步骤是先用钢笔简略地画出空间的平面布局分布，然后再施以色彩，以便区分不同空间的功能。对于比例、材质、家具造型、植物等元素的表达则简单地画出来，能够说明设计意图即可，如图7-12所示。

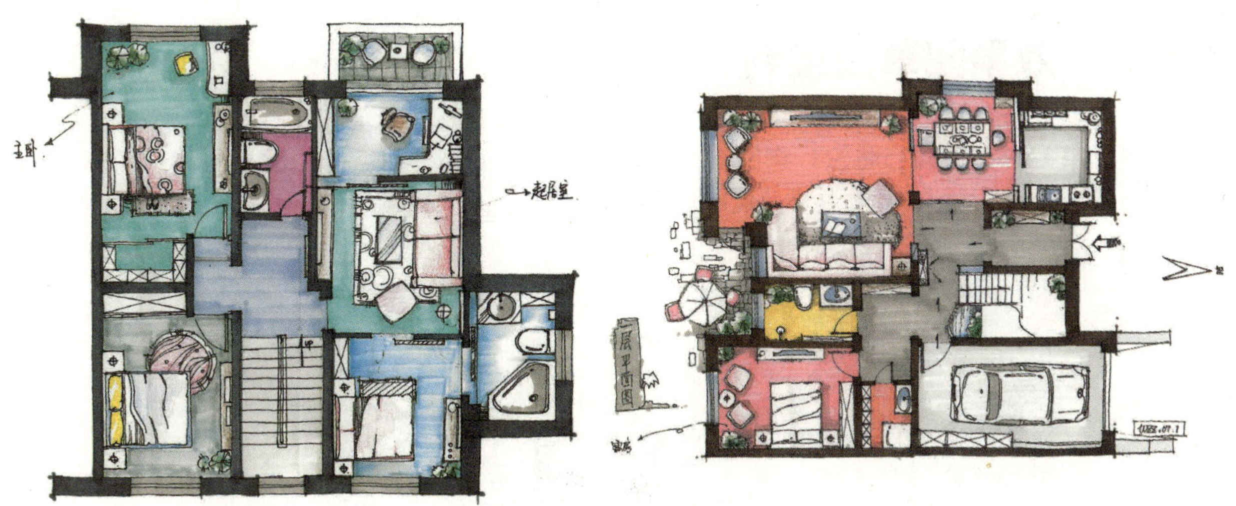

图7-12　平面图马克笔表现

7.5.2 剖立面图绘制

剖立面图是在平面布置的基础上，将界面中的设计意图表现出来。无论是结构特点、色彩倾向、材料运用要适当表达清晰，色彩表现不清楚的地方可以用文字进行说明，以便与业主进行交流，并为后期的效果图绘制提供原始依据，如图7-13所示。

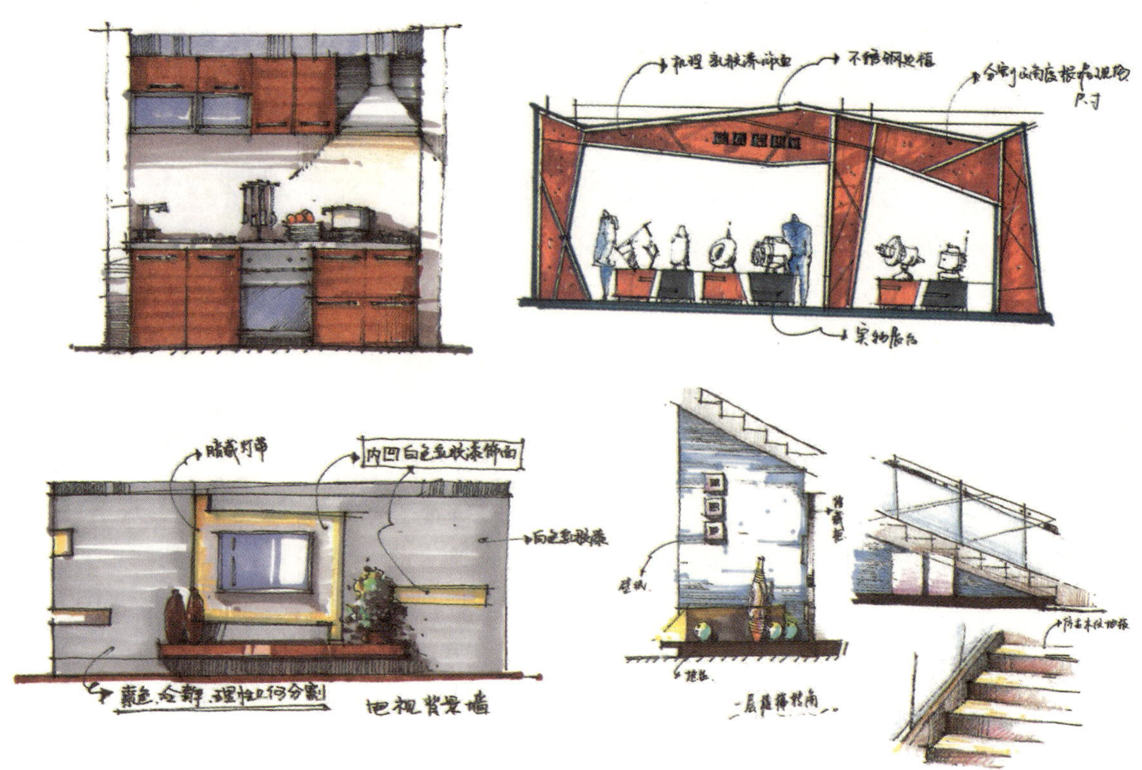

图7-13　立面图马克笔表现

7.5.3　效果图草图绘制

效果图草图只是设计师将设计意图简略地表达出来，如图7-14所示，重点强调空间环境的营造，如图7-15所示，并不涉及某种材料的肌理特征及某些造型元素的具体体现。

图7-14　室内马克笔草图表现

简单地用线条勾画出空间结构特征及主体对象的位置，不要进行细致刻画，只要画出大致形体特点即可。然后用色彩表达出室内环境的色彩倾向，用以突出沙盘模型，其主体形象的刻画适当深入一些，但不要考虑细节形象。

图7-15 室外马克笔草图表现

别墅设计方案草图的绘制既要体现建筑外观的结构特点又要顾及周围环境的概况，所以用笔要简单明了，画面表现时力求做到简洁、明快。

7.6 马克笔表现图实例分析

图7-16 单色马克笔表现（张晶）

对于初学者来说，利用单色对空间布局进行表现，主要是为了了解马克笔线条表达语言的特点，掌握线条的构成规律及布白技巧，为进一步学习效果图表现打下良好的基础。

图7-17　建筑质感马克笔表现（王兆卓）

将建筑表面材料的质感、光感及色彩变化巧妙地结合，具有现代建筑的美感和强烈的艺术感染力及视觉冲击力。该表现图着力刻画立面体块的质感及光影效果，强化了室内空间环境的气氛。

图7-18　具有强烈视觉冲击力的室内效果图表现（王兆卓）

这是一幅非常完整地表达设计方案的效果图，其中钢笔的运用较为自由、奔放，钢笔线条的控制十分熟练。加上固有色及主观色彩的运用，使画面更富有艺术感染力和视觉冲击力。

图7-19　色彩调和的马克笔表现（李玉刚）

该画面总体色彩表达统一、和谐、明快，但对于近景中的家具用笔缺乏变化，色彩表达不够深入，尤其是钢笔线条没有跟马克笔表现语言很好地结合到一起。

图7-20　马克笔空间留白技法表现（于天荣）

此张表现图对于布白技巧的运用较为到位，主体色彩表现简洁、舒展，但对于马克笔排线的技巧掌握得不够灵活。

图7-21　马克笔快题设计（孙翔文）

这是一张在较短时间内完成的作品。其画面构图平稳、透视准确，但用笔表达不够生动、变化较少。

图7-22　构图巧妙的马克笔表现（张晶）

画面构图巧妙、生动。虽然色彩用笔不多，但成功地表现了室内空间环境的特点。

图7-23 陈设丰富的马克笔室内效果图表现（吕濛）

这幅表现卧室的效果图，重点刻画了家具，对于地面和棚顶的描绘有意识地简单带过。其特点是画面用笔生动、色调明快。

图7-24 构图丰富的室内效果图表现（陈卓）

这幅客厅效果图力求把家具部分的质地及色彩倾向表达清楚。对于顶棚、墙面只用线条表达，使简单的构图变得更加生动。

图7-25 空间结构准确的室内效果图表现（杜撰）
该作品细致地刻画了室内空间中各个形体的特征，其中对家具的表现比较到位，用笔准确、熟练。

本章小结

本章主要是从室内效果图马克笔表现展开的，对工具、材料进行了阐释，对线条的表现进行了技法训练。通过对马克笔表现的特点、方法、步骤和方案表达技巧四个方面的学习，达到对室内效果图马克笔表现熟练掌握的目的。

思考与练习题

1. 用马克笔进行临摹单体家具及配景（椅子、沙发、床、人物、植物等）的训练。
2. 选择一幅居住空间实景照片绘制其效果图。

第3篇　计算机效果图表现篇

第8章 计算机辅助设计与室内效果图表现

主要内容：

●本章的主要内容是计算机辅助设计的发展和主要表现工具3ds max的基本概况，主要包括3ds max 8的操作界面、　文件　菜单、工具栏和命令面板简介。

重点难点：

●了解计算机辅助设计的发展。

●了解计算机效果表现工具3ds max。

学习目标：

● 掌握计算机辅助室内效果图表现的基本概况。

8.1 计算机辅助设计的发展

在1990年以前，只有少数几种可以在PC机上使用的渲染和动画软件，这些软件或者功能极为有限，或者价格非常昂贵，或两者兼而有之。作为一种突破性新产品，3D Studio的出现，打破了这一僵局。3D Studio为在PC机上进行渲染制作动画提供了价格合理、专业化、产品化的工作平台，并且使制作计算机动画成为一种前人所不能的职业。

后来随着Windows平台的普及以及其他三维软件开始向Windows平台发展，三维软件技术面临着重大的技术改革。从1993年开始，3D Studio软件所属公司果断地放弃了在DOS操作系统下创建的3D Studio源代码，而开始使用全新的操作系统（Windows NT）、全新的编程语言（Visual C++）、全新的结构（面向对象）编写了3D Studio MAX。在3D Studio MAX 1.0版本问世后仅一年时间，该公司又重写了代码，推出3D Studio MAX 2.0。这次升级是一个质的飞跃，有上千处改进，尤其是增加了NURBS建模、光线跟踪材质、镜头光斑等强大功能，使得该版本成为一个非常稳定的三维动画制作软件，从而占据了三维动画软件市场的主流地位。

随后的几年里，3D Studio MAX先后升级到3.0、4.0、5.0版本，每一个版本的升级都包含了许多革命性的技术更新。从4.0版开始，所属公司发生变化，由原来的Kinetix变为Discreet，3D Studio MAX的名称也精简为3ds max。国内最早对3ds max了解也是从4.0版本开始的，由于其功能强大，虽然其软件初衷是为制作高品质动画服务的，但国内却把它更多地应用于室内外建筑效果图的制作，先后出现了一批优秀的建筑作品。由于效果逼真，同时又可以具有手绘表现图的艺术表现力，很快就被广大设计者以及社会大众所接受，成为一款被人熟知、应用广泛的主流软件。加上Autodsk公司的一款工程制作软件CAD的逐步发展，规范了计算机制图的规范性和准确性，尤其是在建筑及工业造型上面的实用性加强，使两个软件形成有效的互补关系，大大提高了计算机辅助设计的准确性和工作效率。我们相信，随着科技的进步，计算机辅助设计会带给人们越来越多的惊喜，并成为优秀设计者表达设计语言的主要工具。

在社会飞速发展的今天，人们的生活品质随着生产水平的提高得到大幅提升，人们对自身活动空间的品质也不断地提出新的要求，室内空间设计的高效、快速、创新成为一种不可逆转的趋势。设计行业为适应这种形势，不仅在设计上，也在效果图制作方面努力寻求一些改进。软件更新更是给现今的装饰行业提供了有力的技术支持。计算机辅助设计在室内设计中占有越来越重要的地位。

计算机辅助设计在室内设计过程中的应用主要包含以下几个软件：

（1）Autodask CAD：用于建筑室内平面图及相关施工图的绘制。

（2）3ds max 8：用于室内效果图的制作及立体环游动画的制作。

（3）Adobe Photoshop：用于绘制彩色平面图及辅助max完成室内效果图表现。

想成为一名优秀的设计师，必须熟练掌握以上3个软件。计算机辅助设计虽然不能代替设计师手中的画笔——迸发设计灵感的源泉，却以其真实、直白的特点成为设计师与客户之间沟通的一座非常好的桥梁，是设计师表达设计语言的另一种有效工具。它还以其自身优秀的可操作性，提高了设计者的工作效率，节约了设计时间与成本。

8.2 计算机效果图表现的利器3ds max 8

max发展到今天，从max 4到max 8，软件更趋成熟、实用。在并入lishcape后，又加入了一款全新渲染插件Vary。Vary不仅具有max之前所有的渲染插件，而且在此基础上简化了操作步骤，加快了渲染速度，是目前应用于室内外效果图制作的最佳渲染工具。如此强大的一款软件要想学通、学透可谓着实不易，难倒了很多学生。但对环境艺术设计专业的学生而言，所要学习和掌握的内容只有效果图制作一项，如果你有明确的学习目标、掌握了科学的学习方法，3ds max 8其实可以成为一款简单、快速的效果图制作软件。

8.2.1 3ds max操作界面

运行3ds max可执行文件，进入3ds max 8的操作界面，如图8-1所示。

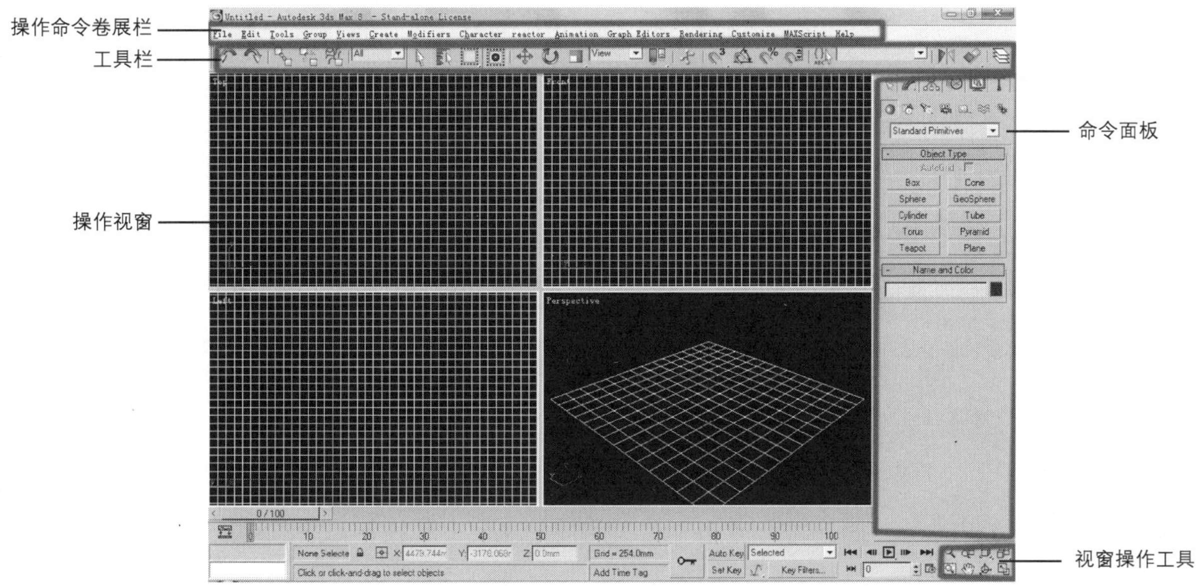

图8-1　3ds max操作界面

8.2.2　“文件”菜单简介

工具栏中包含有3ds max 8中所有的操作命令，功能强大，但为求方便，实际操作中大部分命令都在操作命令卷展栏中进行操作。所以本节先简单介绍作图伊始阶段的操作命令菜单栏中的“文件”菜单，如图8-2所示。

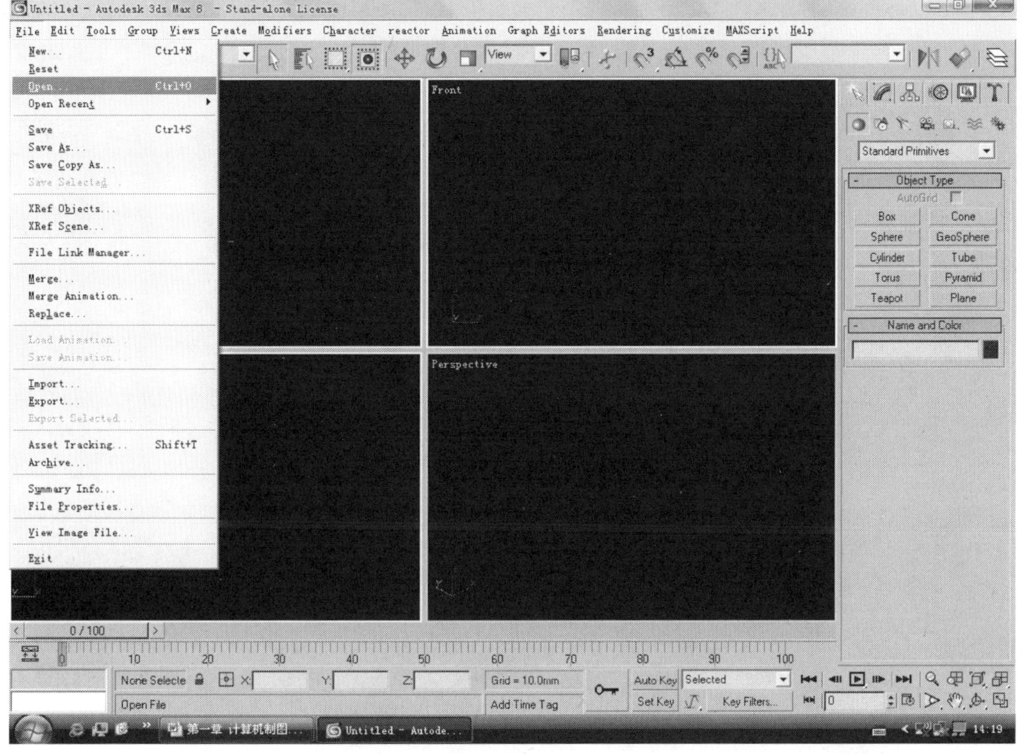

图8-2　菜单栏中的“文件”菜单

Open：打开文件（3ds max中保存文件都以max为文件后缀，可用该命令打开并进行操作）。

New：新建文件（在3ds max中新建一个带max后缀的文件格式进行操作）。

Save：保存（将操作完成的文件进行保存，保存成max文件）。

Save as：另存为（将操作完成的文件进行备份保存，保存成max文件）。

Merge：合并（将两个max文件进行合并）。

Import：导入（将CAD等其他文件导入max文件中进行编辑修改）。

Export：导出（将max文件导出到其他软件中进行编辑）。

8.2.3 工具栏简介

工具栏的命令相当之多，而且十分复杂，工具栏内的主要命令按钮如图8-3所示。

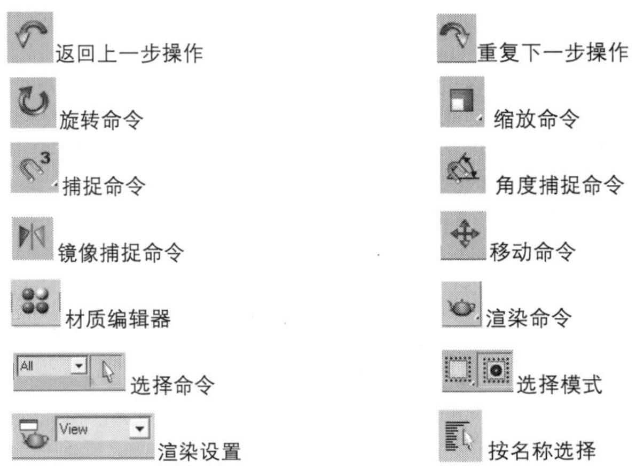

图8-3　主要工具栏中的常用按钮

8.2.4 命令面板

命令面板可以说是所有区域中最重要的区域。在这里，包括了几乎所有的创建物体、造型物体、修改物体等命令。3ds max 8的精华全集中在命令面板中，如图8-4所示。

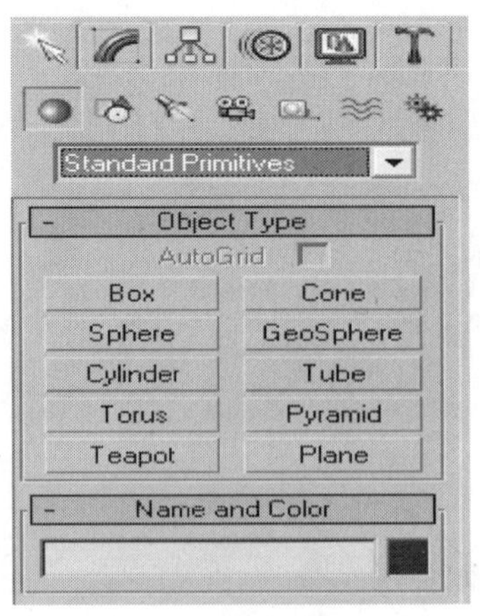

图8-4　命令面板界面

本章小结

本章主要是从计算机辅助设计的发展展开的，对计算机效果图表现的利器3ds max 8的基本概况进行了简要介绍，内容包括3ds max 8的操作界面、“文件”菜单、工具栏和命令面板等，为下面进一步进行软件的详细介绍打下基础。

思考与练习题

1．计算机辅助设计的发展概况。

2．计算机效果图表现工具3ds max 8的界面组成。

第9章
3ds max 8/Vary的常见命令与运用

主要内容：

● 本章的主要内容是3ds max 8和Vray在室内设计效果图制作中的常见命令与运用，其中包括3ds max建模命令、Vray渲染器基本命令及其使用方法、Vray材质及照明的使用方法。

重点难点：

● 了解并掌握3ds max 8的常见建模命令及运用。

● 了解并掌握3ds max 8/Vray的常见渲染命令及运用。

● 了解并掌握3ds max 8/Vray的常见材质参数设置。

● 了解并掌握3ds max 8/Vray的常见照明参数设置。

学习目标：

● 掌握3ds max 8/Vray的常见命令与运用。

9.1 常见建模命令及运用

3ds max 8在室内设计效果图制作中常见的建模命令包括三维的空间变换工具、创建命令、修改命令，如图9-1所示。下面分别对这三种命令进行详细讲解。

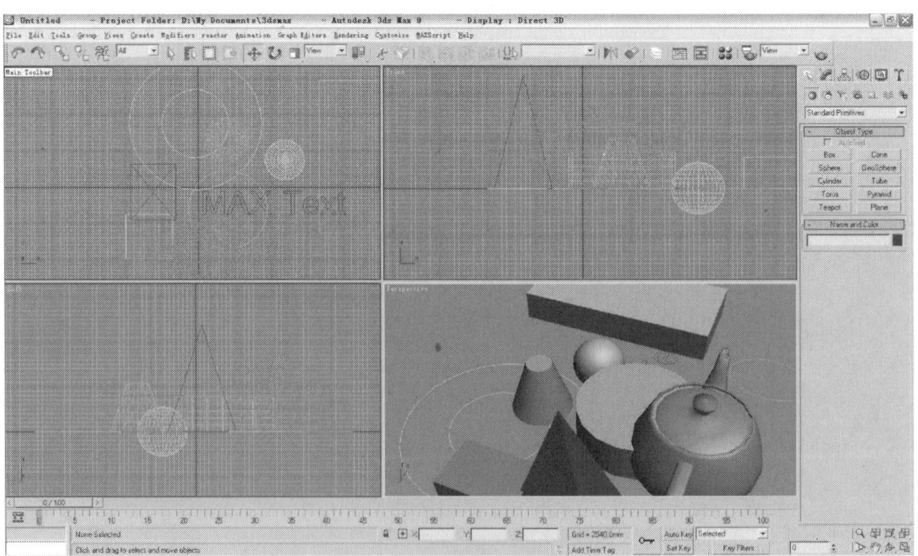

图9-1　3ds max 8的常见建模命令

9.1.1 三维的空间变换工具

选择并移动：在使用时注意要移动轴向（max默认当前可以移动的轴向是呈黄色显示的），把鼠标移动到两个轴向之间的直角形标记上即可实现在两个方向上随意移动。

选择并旋转：在使用时尽量不要使用绕双方向旋转。

选择并缩放：更改物体在空间中的比例大小。

（1）等比缩放工具：不论当前使用的是哪一个轴向，缩放的结果都是等比缩放。

（2）不等比缩放工具：在指定的坐标轴向上进行不等比缩放，物体的体积和形状都发生变化。

（3）挤压工具：不论使用哪一轴向进行挤压，另两个轴向都会自适应地改变，让当前物体的体积保持不变。

如果想要更改物体的轴心，（常在旋转设置时）可在层级面板上选择只对轴起作用（Affect Pivot Only）。

选择的全选方式和半选方式：默认情况下打开的是物体的半选方式，即只要拉出的选择框选中物体的一部分就会选取这个物体；全选方式，只有当拉出的选择框把物体全部选中的时候才能选中这个物体。

9.1.2 界面格局的自定义

在视图工具上右击，在弹出的面板上选择第二项，可以对3ds max的界面进行自定义。

视图的操作工具如下：

单视图的缩放工具：可滚动鼠标中键进行操作。

多视图的缩放工具：点按后上下拖动，同时在其他所有的标准视图内进行缩放显示。

单视图最大显示所选对象：快捷键为Z。

多视图最大显示所有对象：快捷键为Ctrl+Shift+Z。

单视图的区域放大工具：在视图中框取局部区域，将它放大显示。

视图平移工具：可按住鼠标中键拖动进行操作。

视图旋转工具：快捷键Alt+按住鼠标中键拖动。

单屏/多屏显示工具：快捷键为Ctrl+W。

9.1.3 复制的方法

1. 变换复制

用Shift键配合空间变换操作工具来进行复制。弹出复制选项面板，如图9-2所示。

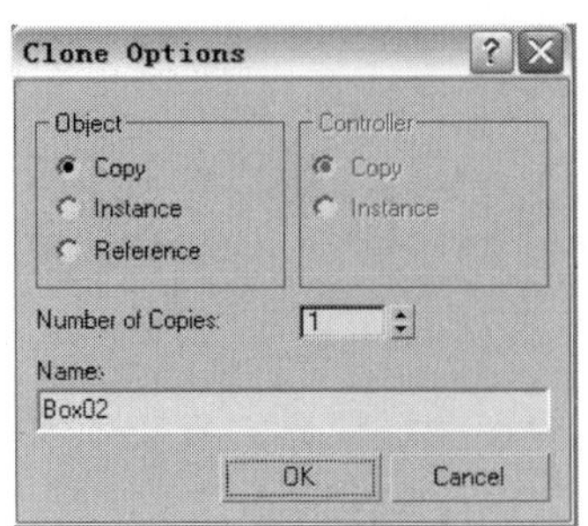

图9-2　复制选项面板

2. 镜像复制

镜像参数调节面板如图9-3所示。

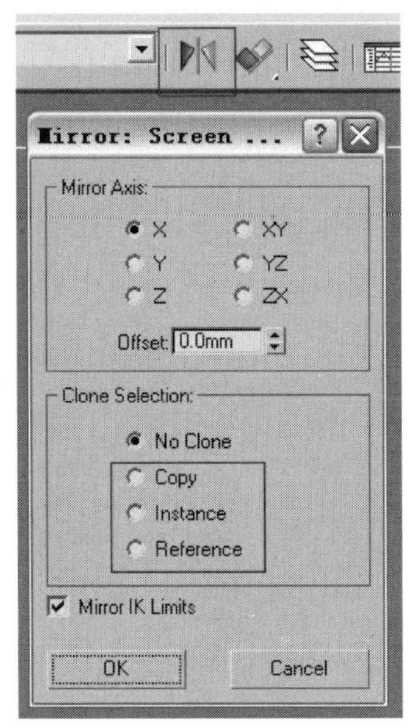

图9-3　镜像参数调节面板

3. 沿路径复制

可以让复制沿着一条设定好的曲线来进行。使用时，应先单击拾取路径按钮，在场景上合适的路径线上单击。也可以根据需要勾选适配（Follow），它可以让复制出的个体适应路径的曲率发生一定的旋转；或根据需要勾选起始偏移（Start Offset）和结束偏移（End Offset），设定复制出的个体并不放置在路径线上的起始点和结束点。在复制完成后要单击应用按钮（Apply）完成我们的复制操作。

4. 阵列复制

阵列复制指定其参数的方式有两种：一种为增量（Incremental），表示每个复制出的个体之间的间距参数指定；另一种为总量（Totals），表示复制的原始物体与复制出的最后一个物体之间的参数指定。

在复制时注意当前视图的轴向。

5. 复制关系

（1）拷贝（Copy）：表示复制的原物体和被复制物体之间没有任何的关系。

（2）关联（Instance）：表示复制的原物体和被复制物体之间有一种关联关系，对于其中任何一方所作的修改都会影响到另外一方。如果想对大量关联复制的某一个物体进行单独的修改操作，可以在修改堆栈中单击“使独立”按钮，这样可以使该物体从关联关系中独立出来。

（3）参考（Reference）：表示对复制的原物体所作的修改会影响到被复制出的所有物体，而对被复制出的物体所作的修改不一定会影响到原物体。

在参考关系复制的物体的修改堆栈中会多一条灰色线，在灰色线以下的修改命令是能够影响原始物体的，而在灰色线以上的修改命令不能影响原始物体。

9.1.4 物体的对齐与捕捉

1. 对齐的注意事项

在对齐时要分清源对齐物体和对齐参照物体，我们第一次单击的物体将作为对齐的源物体，而第二次单击的物体作为对齐的参照物体，在对齐的过程中，参照物体是始终不进行任何移动的。

对齐时的轴向和对齐轴向的正负方向：max中有一个最小坐标边（Minimum）和最大坐标边（Maximum）的定义，对于一个轴向来说，在正方向上的一条边称为最大坐标边，在负方向的一条边称为最小坐标边，在对齐时就需要注意这两点。

2. 对齐面板

对齐面板中有Align Position（对齐位置）：Current Object（源物体）、Target Object（参照物体）、Minimum（最小坐标边）、Center（几何中心）、Pivot Point（物体轴心）、Maximum（最大坐标边）；Align Orientation（对齐角度），其中对齐的角度只会使用自身坐标；Match Scale（对齐比例），只有对物体执行缩放操作之后，执行对齐比例才会有变化，注意对齐比例并不等同于对齐大小三组操作命令。

作为对齐的源物体，它如果是由多个物体所组成的，那么它们的最大坐标和最小坐标是使用整体的最大坐标和最小坐标，但对于目标物体，它可以选择群组物体当中的某一个物体作为对齐的参照物，如图9-4所示。

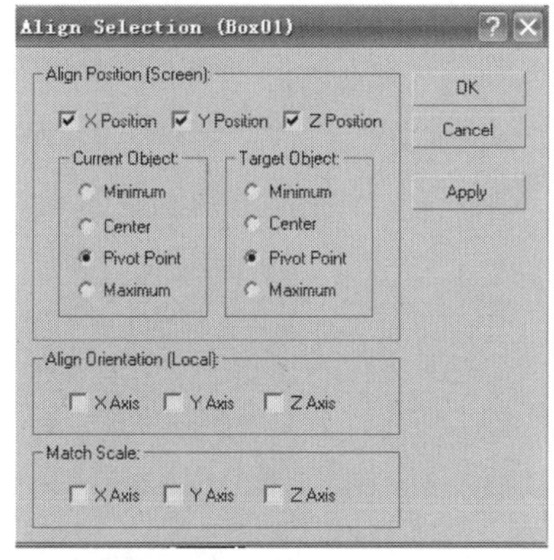

图9-4 对齐参数面板

9.1.5 创建命令

创建命令是max入门的基础，熟练掌握这些命令将大大提高后续制图的效率。创建命令种类繁多，但针对环艺专业，主要的使用命令并不复杂，下面将这些命令分别罗列在图9-5和图9-6中。

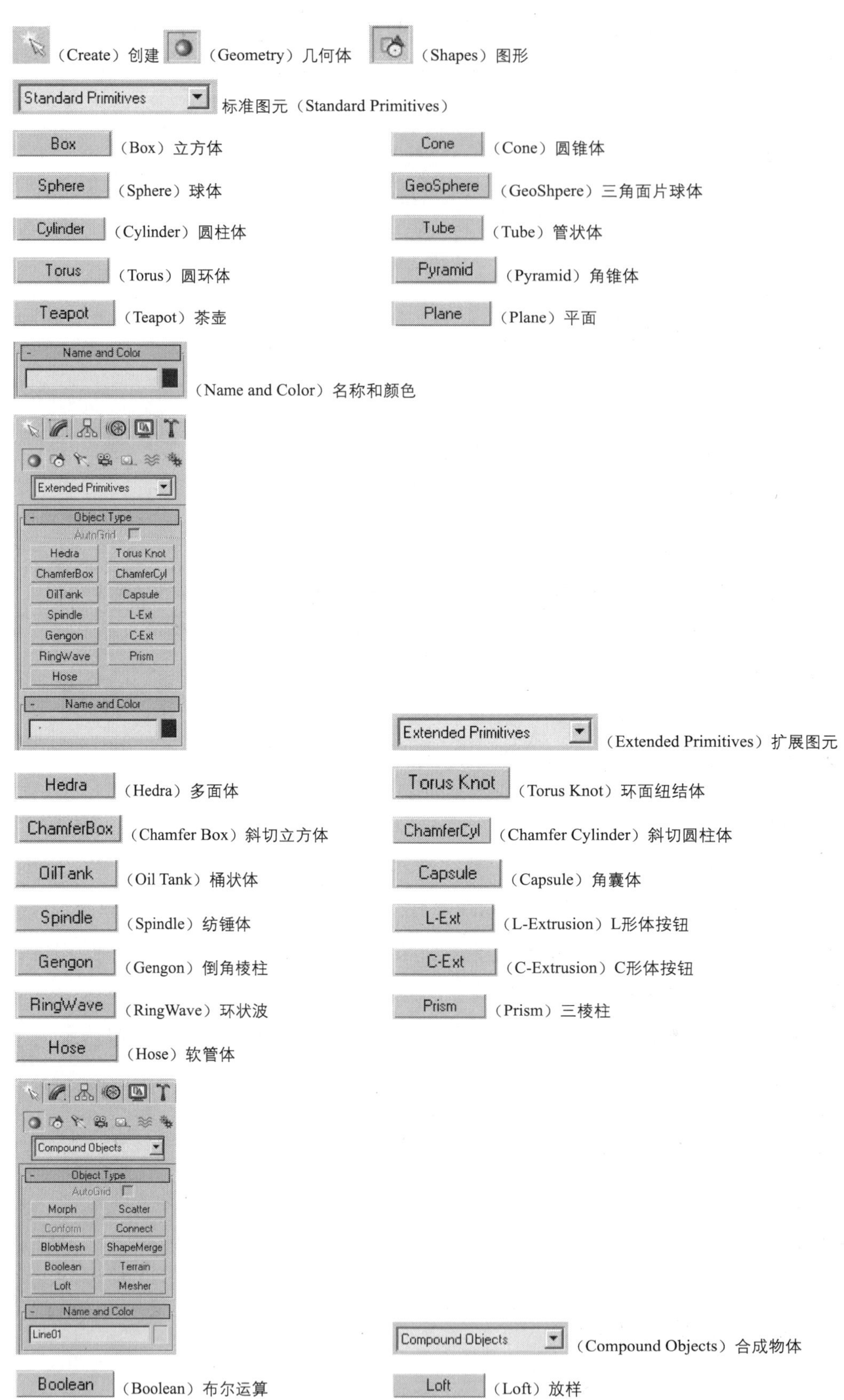

图9-5　创建几何体命令面板

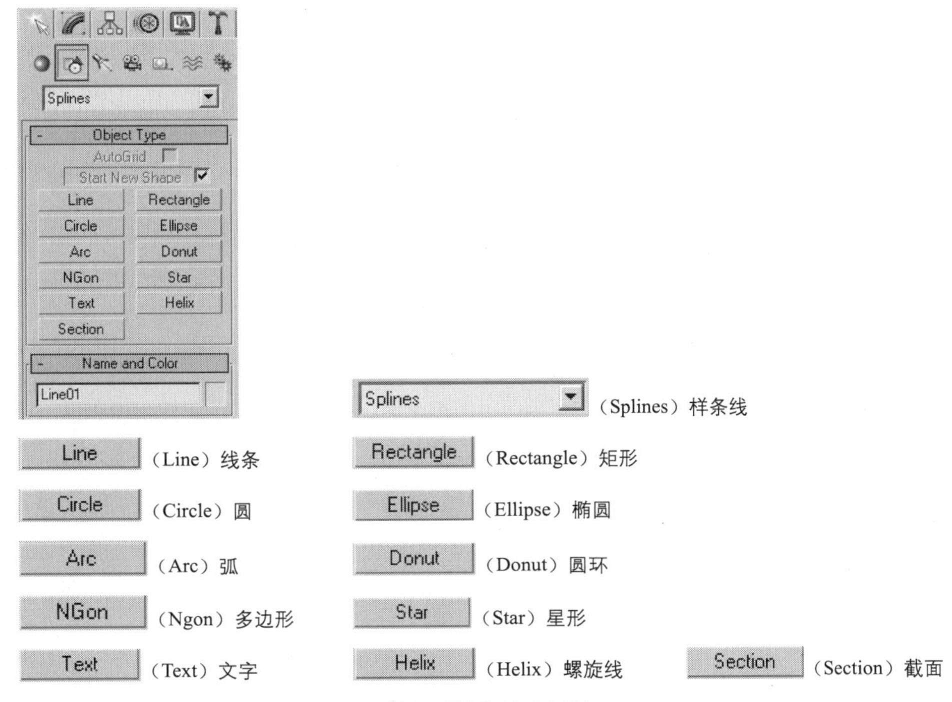

图9-6 创建二维图形命令面板

9.1.6 修改命令面板

1. 认识修改命令面板

修改命令面板为3ds max建模提供了大量的修改命令，可以对创建的基本形体进行各种方式的加工。主要构成部分如图9-7所示。

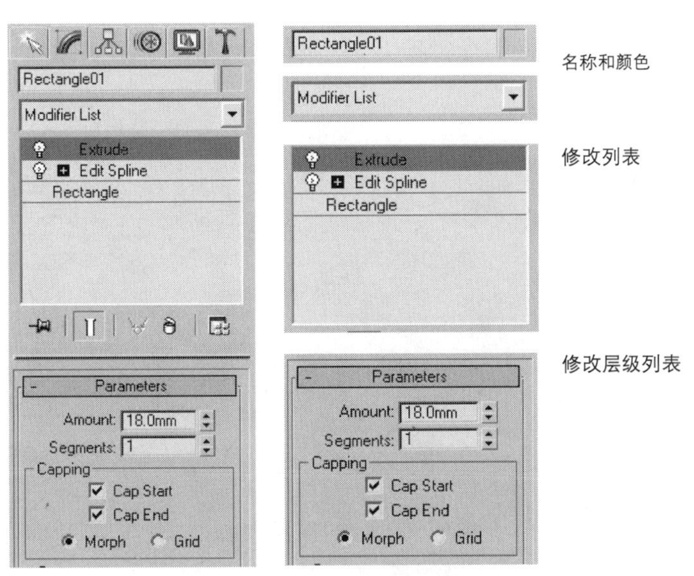

图9-7 修改面板的基本构成

（1）Name and Color（名称和颜色）。

Rectangle01 显示当前选择物体的名称和其在视图中线框的颜色，在文字框中可以直接修改物体的名称；单击颜色按钮，可以指定物体的线框颜色。

（2）Modifier List（修改列表）。

Modifier List 单击右侧按钮，显示所有可对当前物体修改的命令；单击选择命令名称，实现对当前物体修改命令的添加。修改命令位置可以按照其名称开头字母配合键盘快速找到。

（3）修改层级列表。

修改层级列表非常直观地显示出当前物体所有的修改步骤，并自上而下排序。所有的修改步骤均可以进行排序变换、复制、粘贴、剪切。

2. 室内设计建模中常用的修改命令

（1）Extrude（挤出）命令。

计算当前二维图形沿着其所在平面垂直方向运动所得的立体图形，简单说就是给当前二维图形增加高度或厚度，形成三维形体，如图9-8所示。

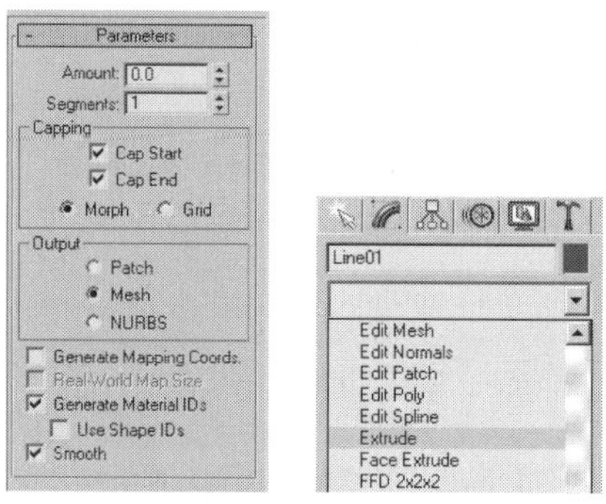

图9-8 挤出命令的参数及位置

实例1 运用挤出命令创建立体文字。

步骤一：依次单击创建→二维图形→文字 Text 在前视图中绘制出所需文字图形，如图9-9所示。

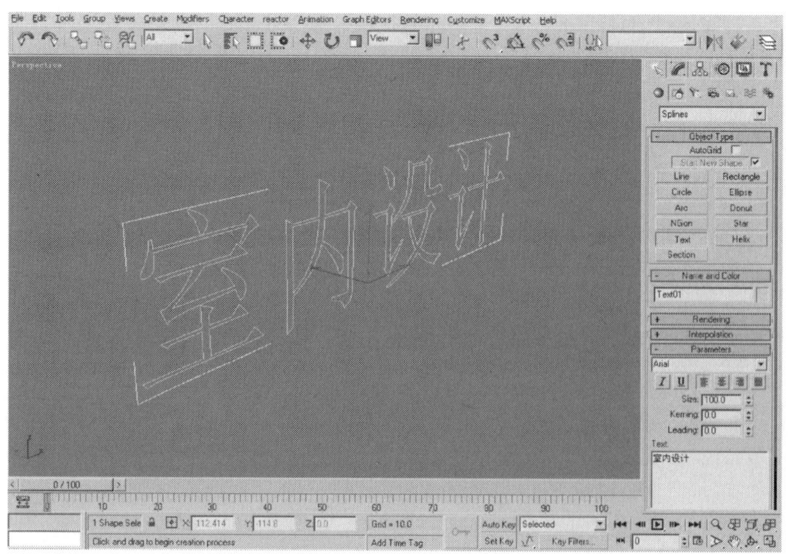

图9-9 创建文字图形

步骤二：选择文字图形，文字大小为100。单击修改，选择修改列表中的Extrude命令，在下面的参数面板中Amount（数量：用于设置被挤出物体的高度）设置数量为15，如图9-10所示。

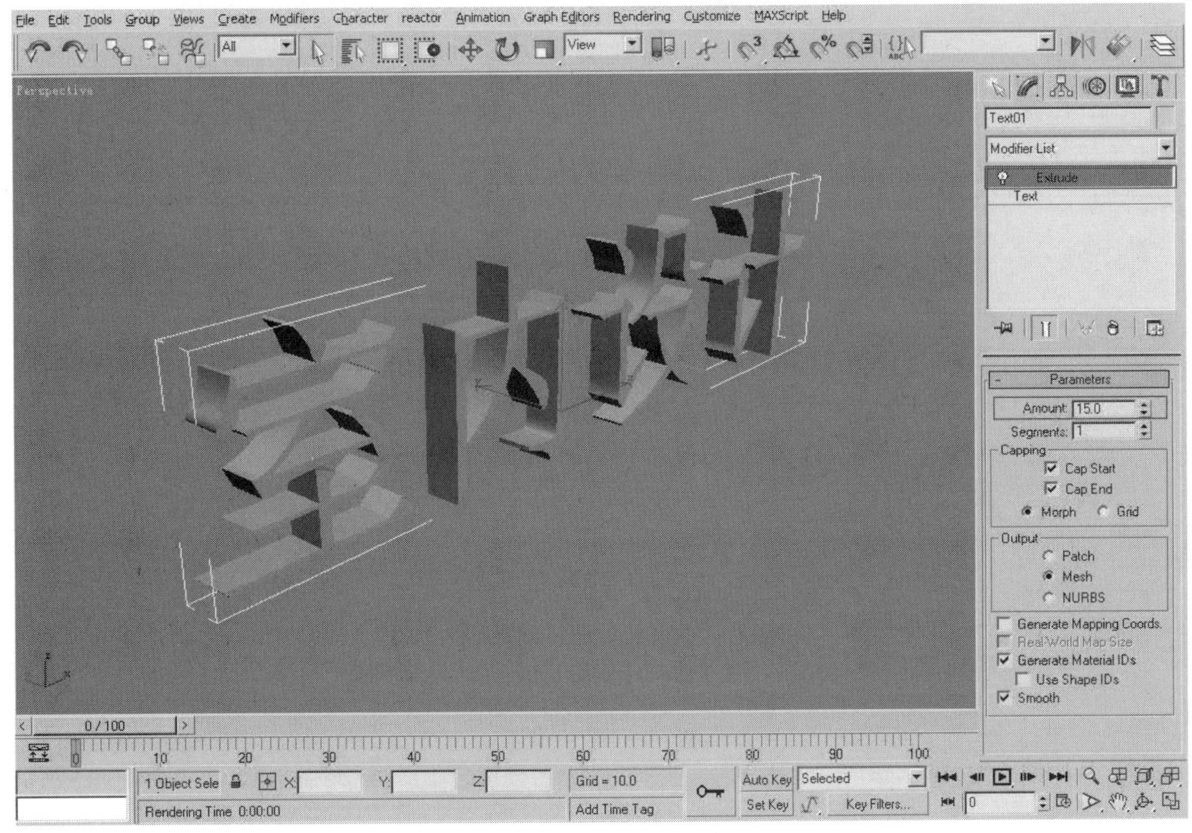

图9-10　为文字图形加入挤出命令

（2）Edit Spline（编辑样条线）命令。

编辑样条线命令是绘制较复杂或不规则的二维图形时在基本图形基础上添加的可以调整定点、线段和曲线曲度的命令，如图9-11所示。

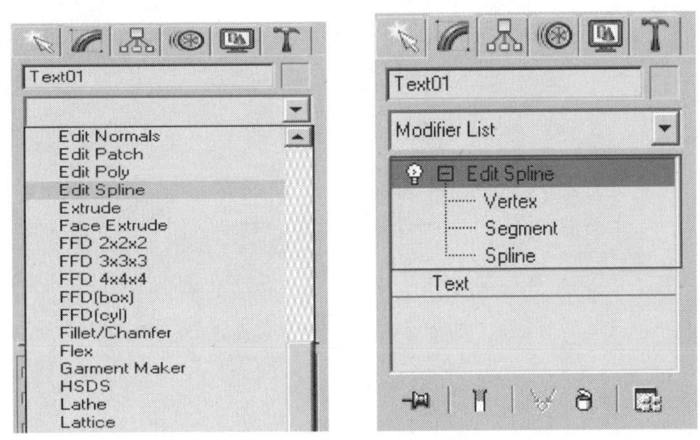

图9-11　编辑样条线命令

实例2　为二维图形添加编辑样条线命令。

步骤一：在顶视图中，依次单击创建→二维图形→矩形 Rectangle，如图9-12所示。

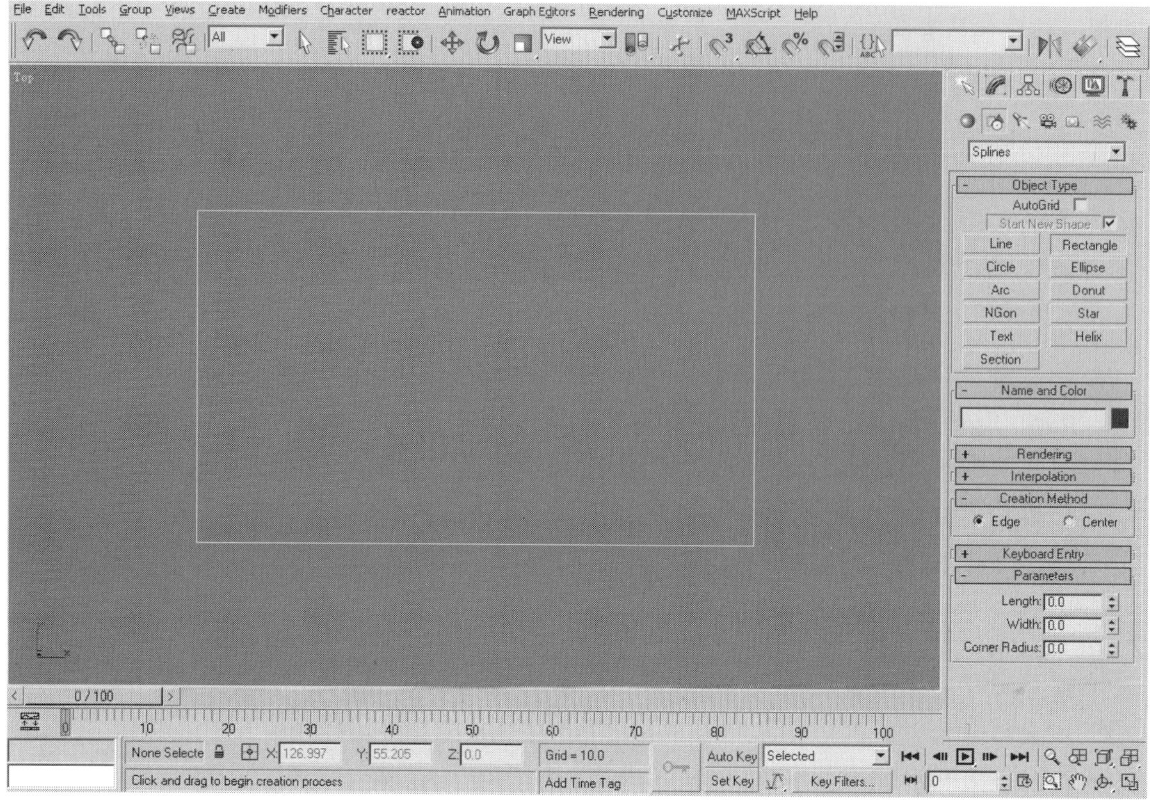

图9-12　创建长方形

步骤二：选择已创建的矩形，单击修改，在修改命令列表中选择Edit Spline命令，如图9-13所示。

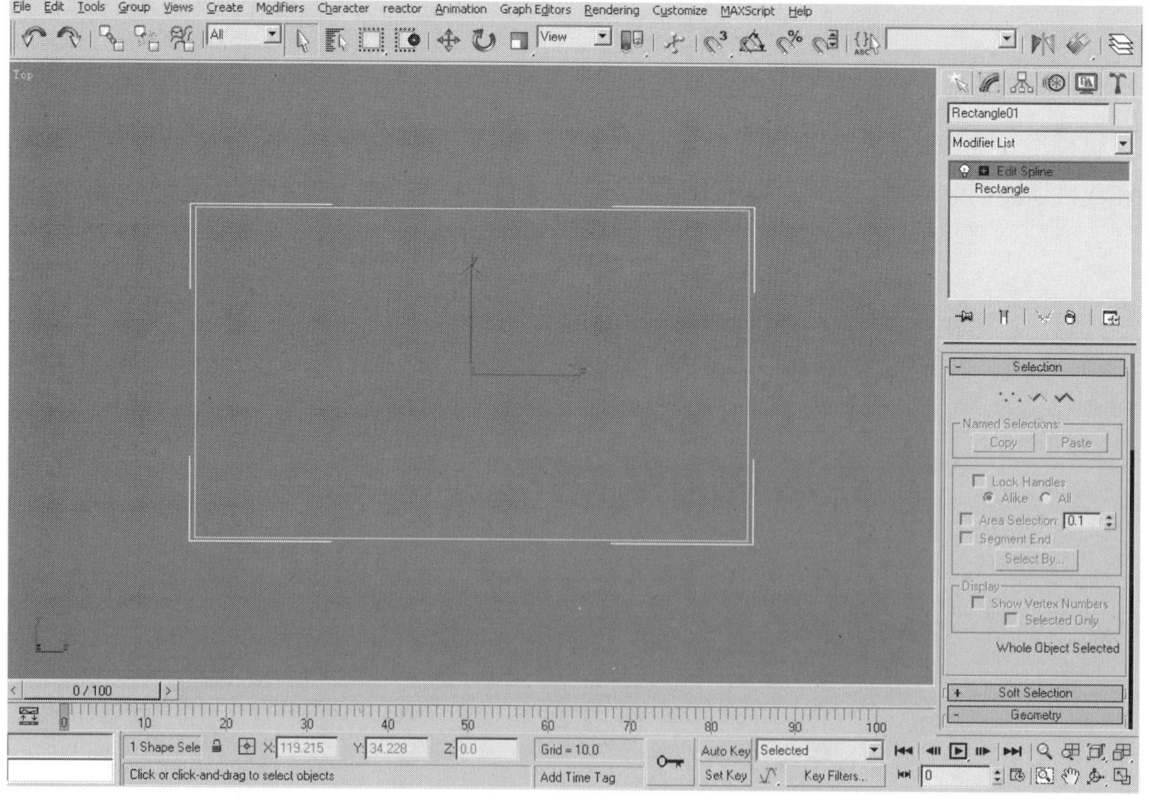

图9-13　为长方形加入Edit Spline命令

单击修改层级中Edit Spline右侧的“+”按钮，显示顶点（Vertex）、Segment（线段）、Spline（样条线）三个修改层级，这三个修改层级在下方的参数面板中也有显示，功能相同。

（3）顶点的修改层级。

创建矩形，为矩形添加编辑样条线命令，在下方的参数面板中单击进入顶点的修改层级。此时在视图中可以框选矩形的四个顶点进行编辑。

选择矩形其中的一个顶点，如图9-14所示。

移动顶点位置可以对矩形的形状进行修改，拖动两侧的绿色杠杆会发现线条曲度发生了改变。

将鼠标移动到被选择顶点位置并右击，在弹出的快捷菜单左上方列出了点的四种平滑状态，如图9-15所示。

Bezier Corner（贝兹角点）：在顶点两侧有两个调整杆，可分别调整其所在直线的曲率。

Bezier（贝兹曲线）：在顶点两侧有两个调整杆，但两根调整杆成一直线并与顶点相切，单击两侧的曲线在相连处总保持平滑状态。

Corner（角点）：顶点两侧的线段均为直线，交角为折角，不可调节。

Smooth（平滑）：把线段变成圆滑的曲线，与顶点相切，无调节杆。

图9-14 进入顶点层级并选择

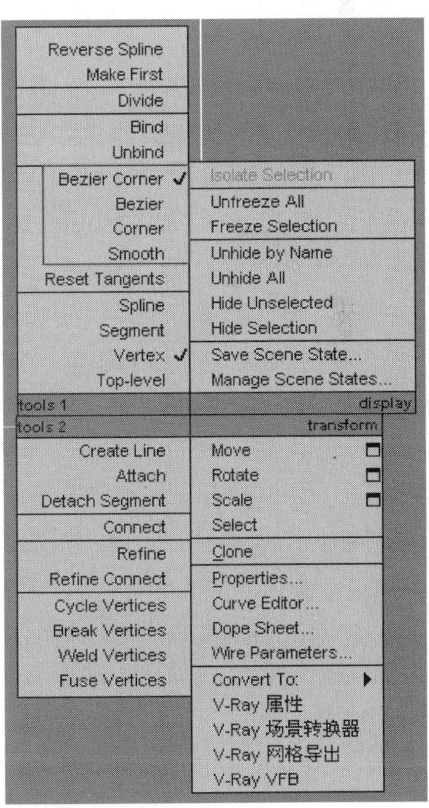

图9-15 点样式在右键菜单中的位置

1）Refine（加点）。

在顶点的修改层级中，在视图中的右键快捷菜单或下方的参数面板中找到Refine（加点）命令，如图9-16所示。

加点命令是为图形中的线段或曲线添加点，从而更细致地编辑图形。

2）Weld（焊接点）。

焊接点命令可将两个或多个顶点连接为一点。

在顶点的修改层级中，在下方的参数面板中可以找到Weld（焊接点）命令，如图9-17所示。

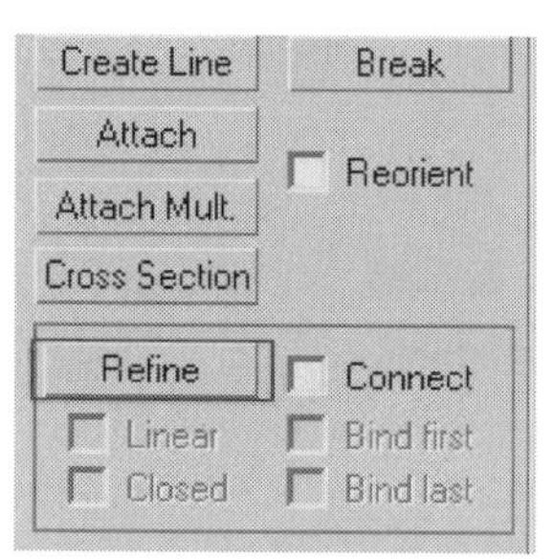

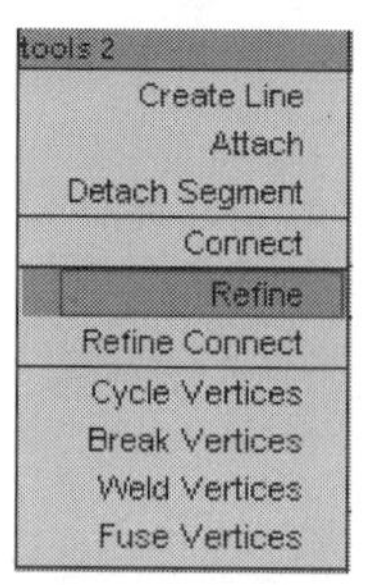

图9-16　加点命令位置

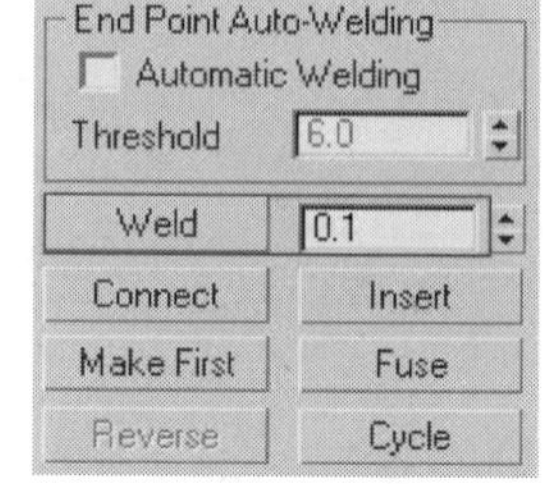

图9-17　焊接按钮

实例3　使不闭合的直线变为闭合状态。

步骤一：在顶视图中，依次单击创建→二维图形→直线 Line ，如图9-18所示。

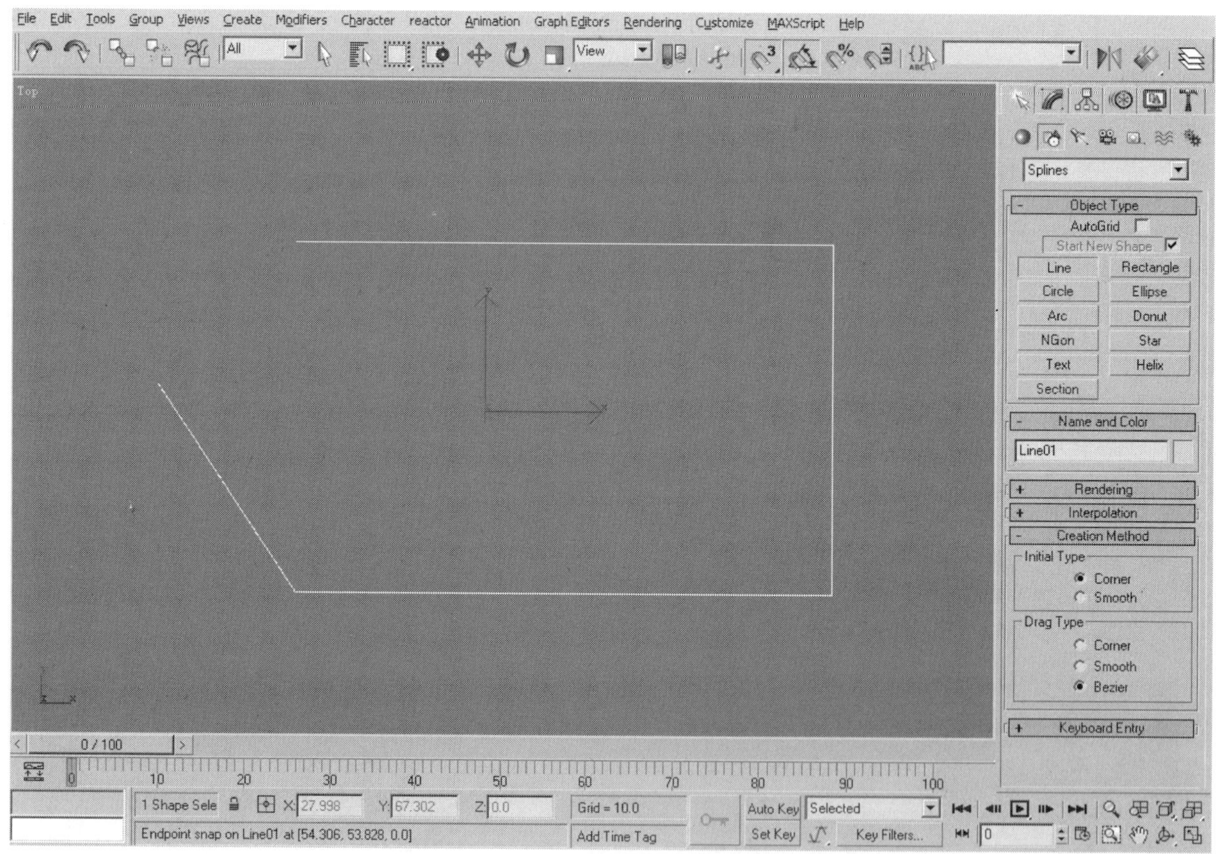

图9-18　创建直线形状

步骤二：选择直线，单击修改，在下方的参数面板中进入点的修改层级（注：在对直线进行修改时，因为其自身参数中可以直接进行编辑样条线操作，因此无须加入Edit Spline命令）。

激活捕捉，将不闭合的两定点移动到重合位置，如图9-19所示。

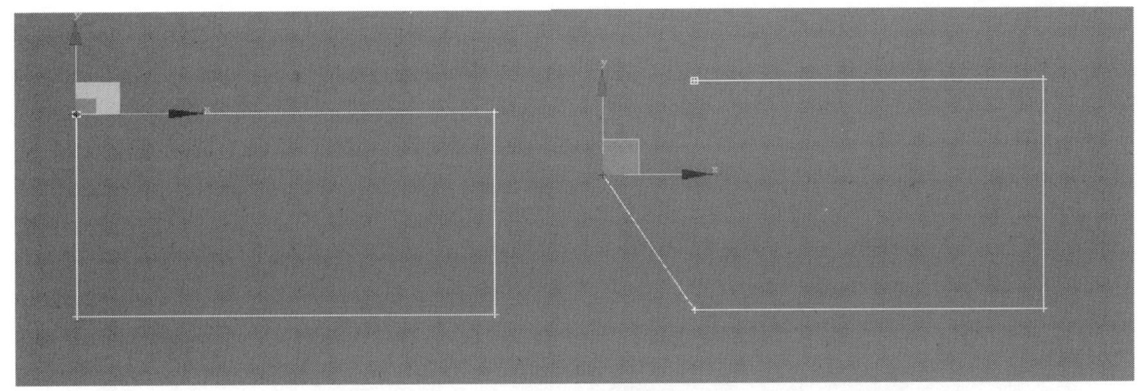

图9-19　移动顶点位置

步骤三：用框选的方式选择重合的两个点（注：虽然两点在重合状态，但是仍然可以对两个点分别进行编辑，得到的矩形属非闭合状态）；在右侧参数面板中找到Weld（焊接点）命令并单击按钮，如图9-20所示。

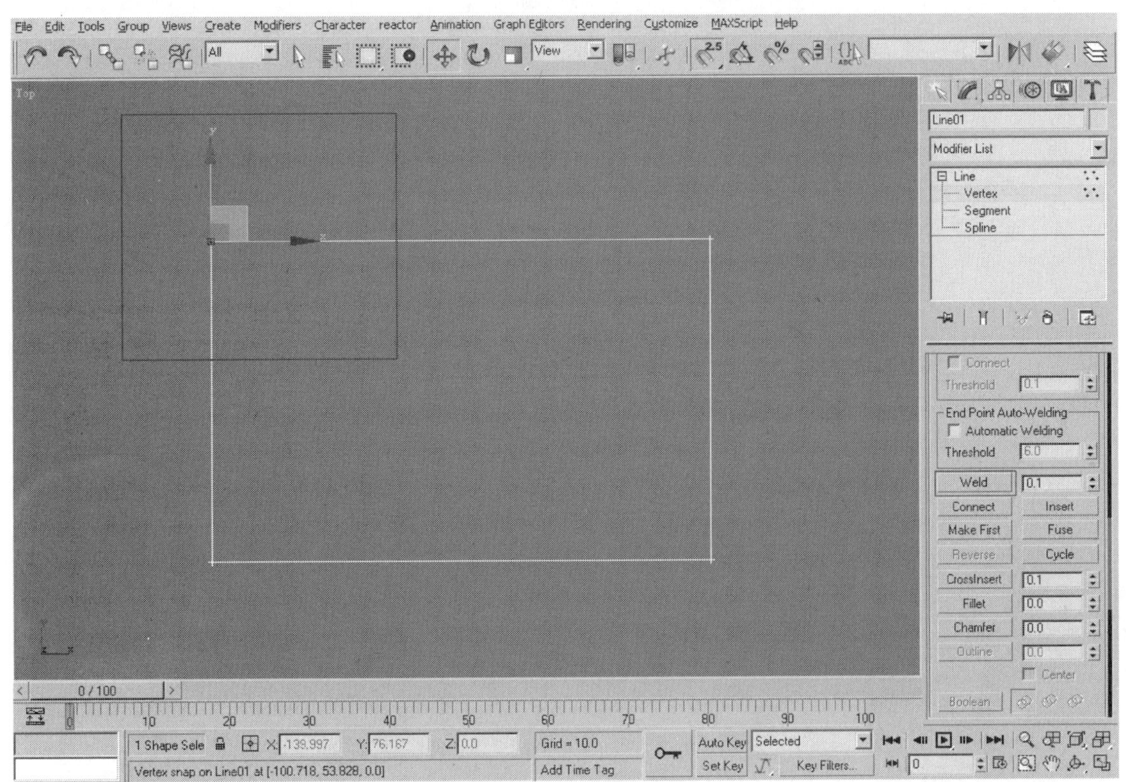

图9-20　框选重合的两点并单击“焊接点”按钮

此时，两定点被焊接为一个点，矩形呈闭合状态。

3）Fillet（圆角）命令。

圆角命令可将组成角点的两条直线或曲线用圆弧连接，形成圆角。

在点的修改层级中，在下方的参数面板中可以找到Fillet（圆角）命令，如图9-21所示。右侧的数值输入框为圆角圆弧的半径。

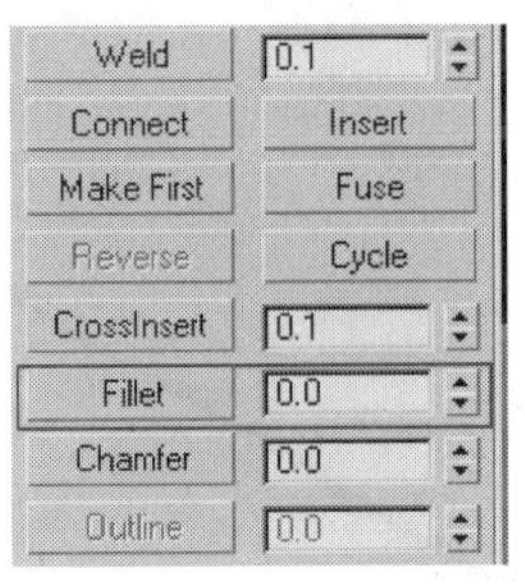

图9-21　圆角按钮

实例4　制作带有圆角的矩形。

步骤一：在顶视图中，依次单击创建→二维图形→矩形Rectangle。设定长为300，宽为500，如图9-22所示。

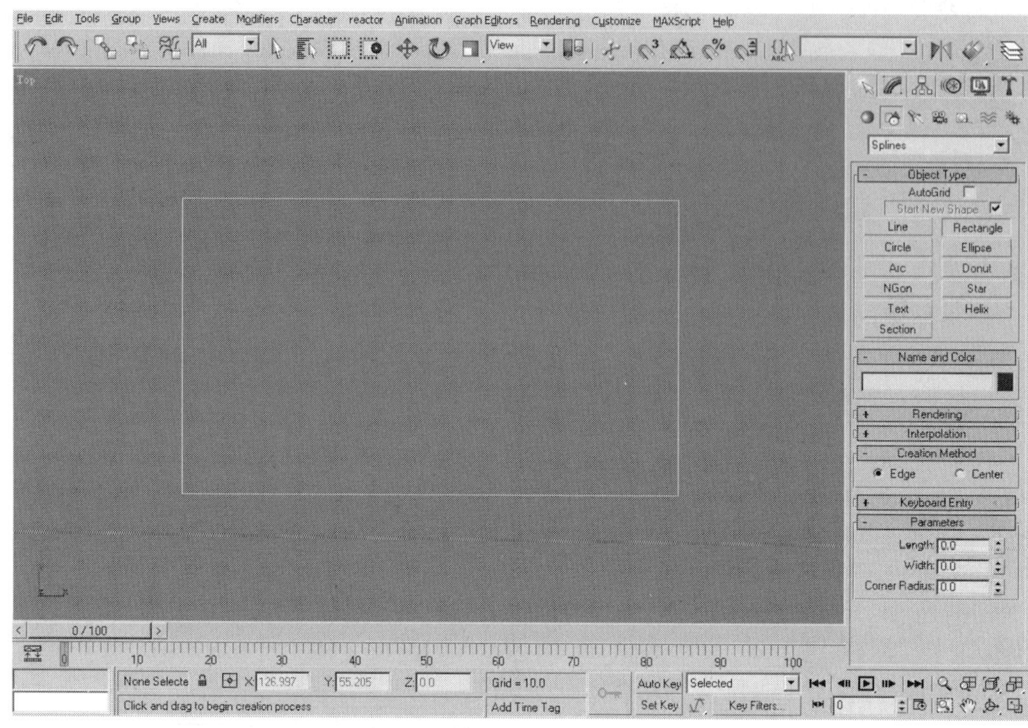

图9-22　创建长方形

步骤二：选择已创建的矩形，单击修改，在修改命令列表中选择Edit Spline命令,如图9-23所示。

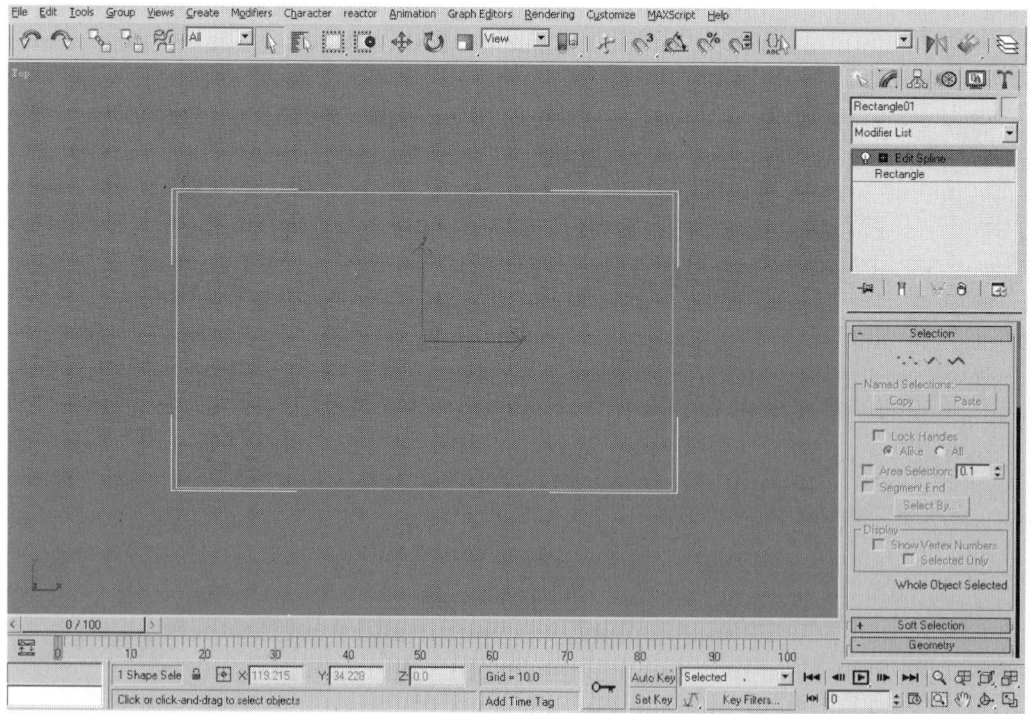

图9-23　为长方形加入修改命令

步骤三：进入点的修改层级，框选四个顶点，在右侧参数面板中的Fillet数值中输入100，如图9-24所示。

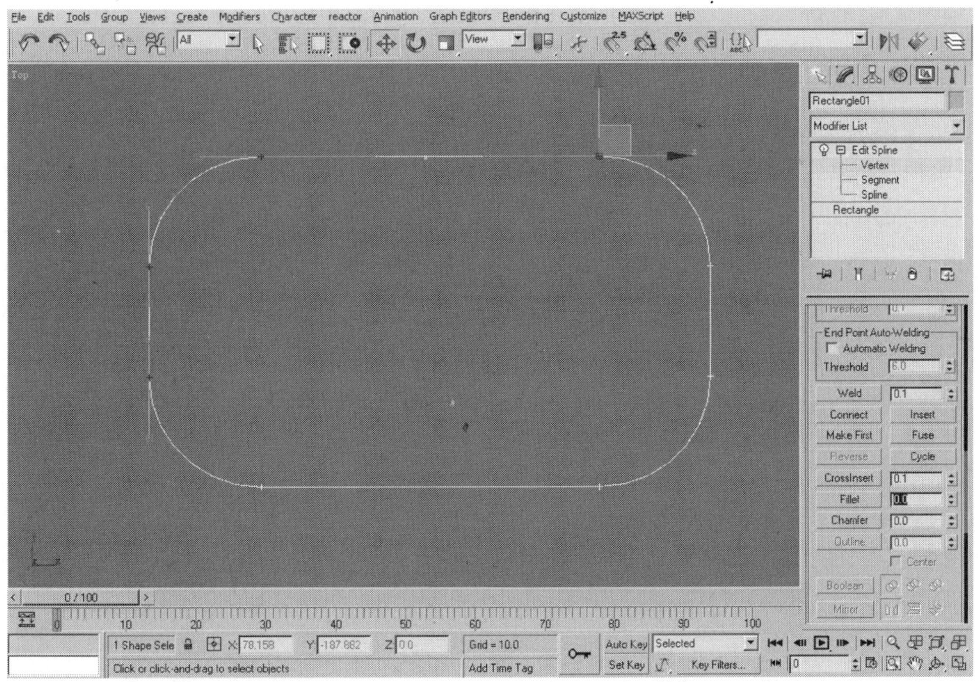

图9-24　圆角值输入位置

此时，完成了带有圆角的长方形的绘制。此命令在室内设计中可用于吊顶或墙面造型的建模制作。

4）Chamfer（倒角）命令。

倒角命令在顶点修改层级的参数面板中可以找到，其操作方法与圆角命令相同，样式如图9-25所示。

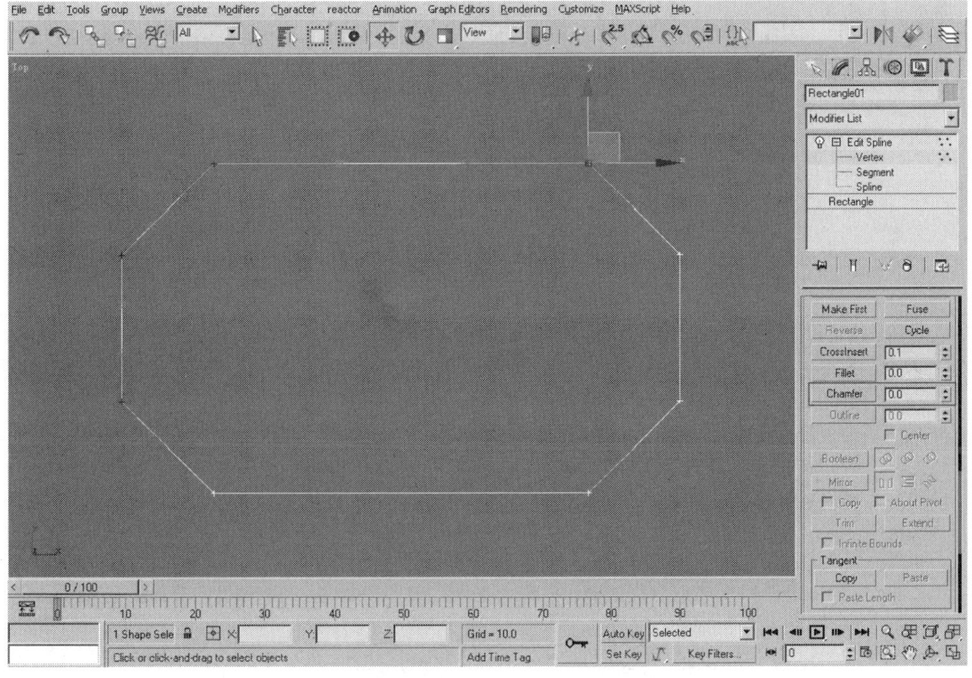

图9-25　倒角值输入位置

（4）线段的修改层级。

为二维图形加入Edit Spline命令，单击名称右侧的“+”按钮展开层级，可找到Segment线段修改层级，或者在下方的参数面板中找到按钮（两者为同一功能）。

在线段修改层级中，可根据实际需要对组成二维图形的线段进行移动、旋转、缩放、复制、删除等操作，如图9-26所示。

（5）样条线的修改层级。

为二维图形加入Edit Spline命令，单击名称右侧的“+”按钮展开层级，可找到Spline样条线修改层级，或者在下方的参数面板中找到按钮（两者为同一功能），如图9-27所示。

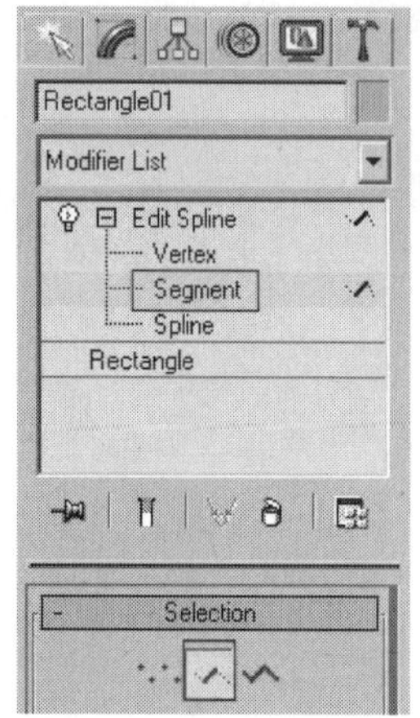

图9-26　线段修改层级

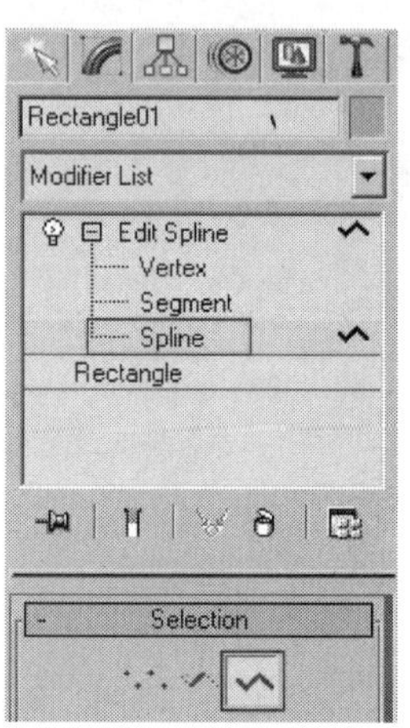

图9-27　样条线修改层级

1）Attach（连接）命令。

连接命令可以在Edit Spline的任何一个层级中使用，是将两个图形合成为一个复合图形，并且可以在同一编辑样条线命令下进行修改。

选择所创建的二维图形，在修改面板中为其加入Edit Spline（编辑样条线）命令，在下方的参数面板中可以找到Attach按钮，如图9-28所示。

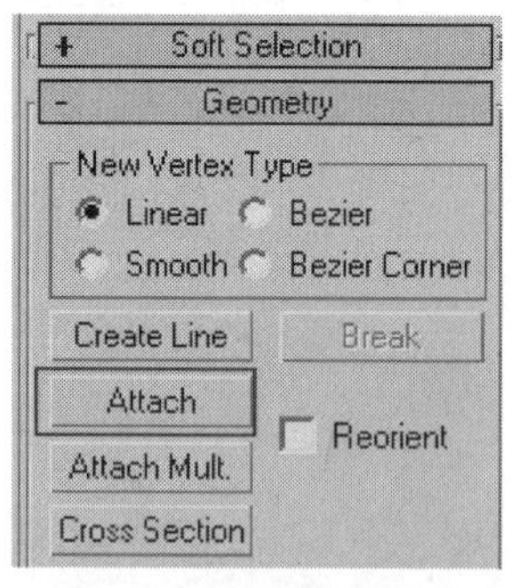

图9-28　连接命令位置

实例5 制作圆形凹面吊顶。

步骤一：在顶视图中，依次单击创建→二维图形→矩形 Rectangle ，设定长为3000，宽为5000；继续创建圆形，设定半径为1000；使用移动命令将圆形移动到矩形内的适当位置，如图9-29所示。

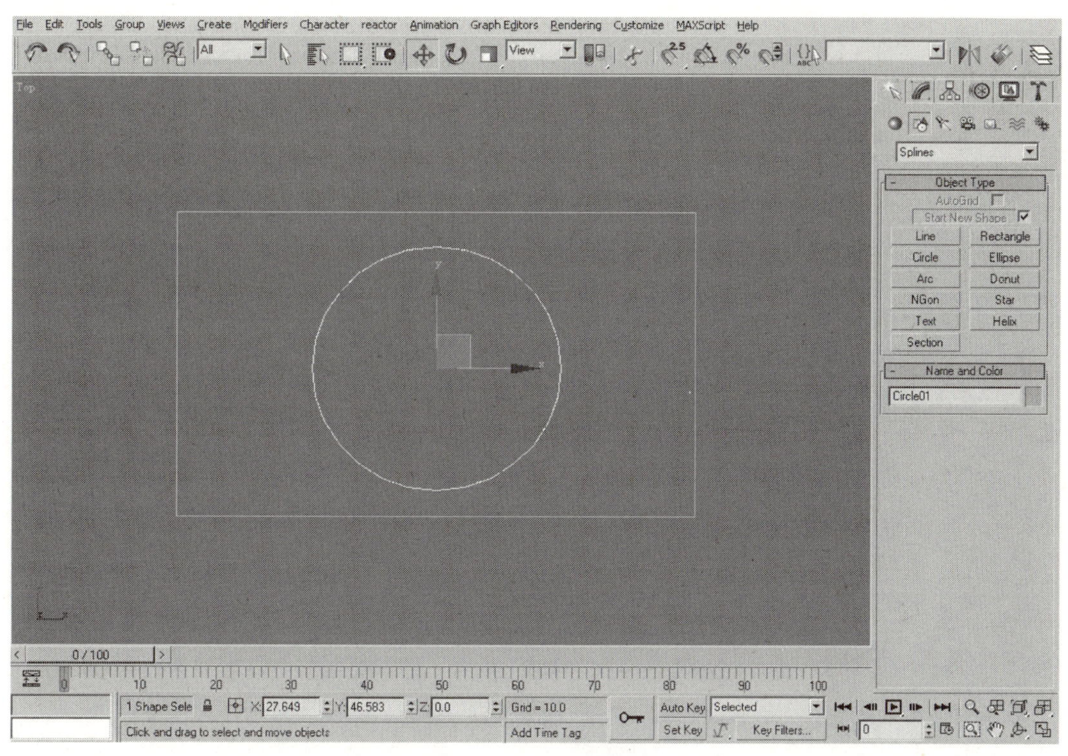

图9-29　创建长方形与圆形

步骤二：选择矩形，单击修改，在修改命令列表中选择Edit Spline命令；进入编辑样条线层级，在下方的参数面板中单击Attach按钮；将鼠标移动到视图中的圆形位置发现箭头形状发生变化后点选圆形，此时圆形的线条颜色由有色变为白色，说明连接成功，两图形已经变为同一图形，如图9-30所示。

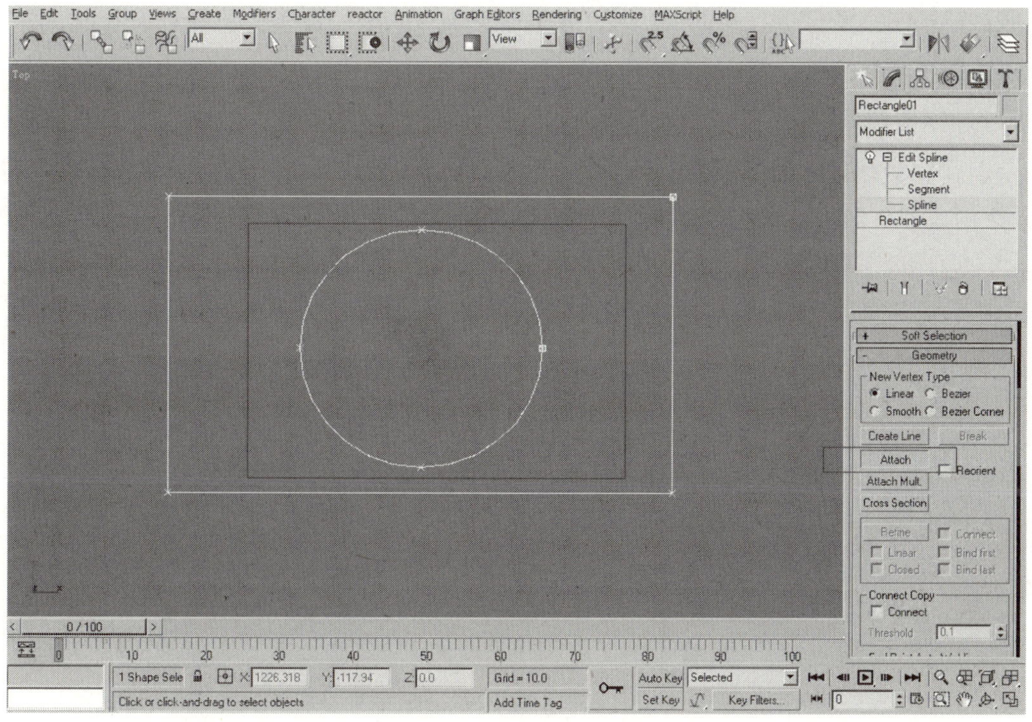

图9-30　连接命令的加入程序

步骤三：退出编辑样条线层级，为连接后的图形再次加入挤出（Extrude）命令，设定数量（Amount）为120，如图9-31所示。

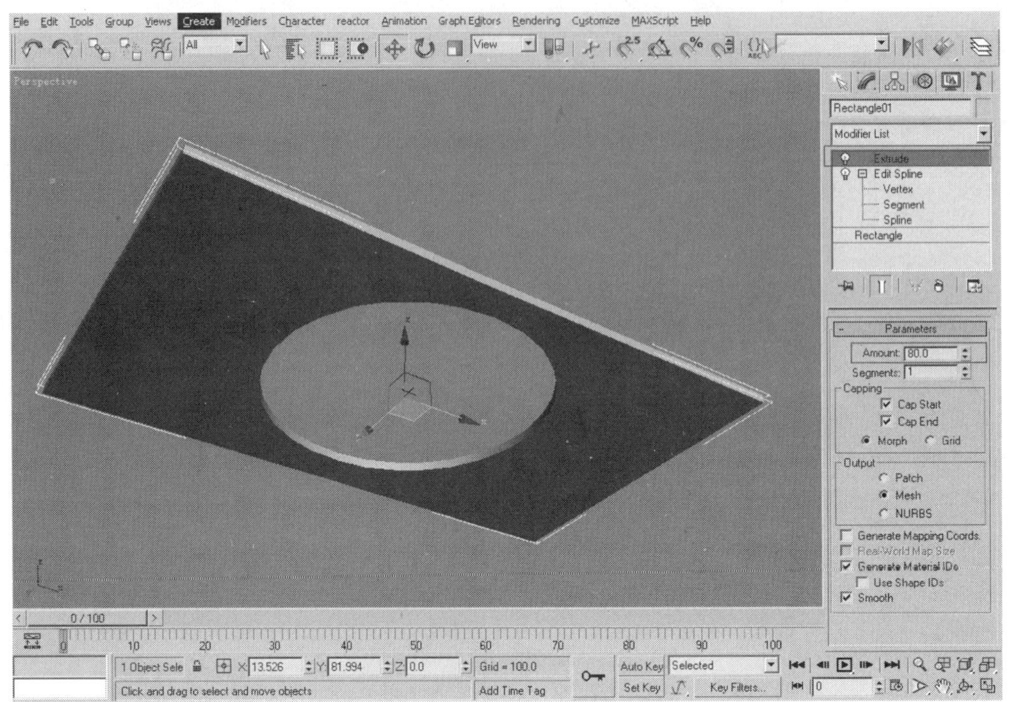

图9-31　为所得图形加入挤出命令

2）Outline（轮廓）命令。

轮廓命令是在编辑样条线层级中将已选择的线段向外或向内进行偏移复制，形成双线围合的图形。在室内设计建模中，可以根据一条轮廓线产生均匀的墙面双线，再经挤压产生墙面。

选择所创建的二维图形，在修改面板中为其加入Edit Spline（编辑样条线）命令，在下方的参数面板中可以找到Outline按钮，如图9-32所示。

实例6　制作简易套装门。

步骤一：在前视图中，依次单击创建→二维图形→矩形 Rectangle ，设定长为2000，宽为850；选择已创建的矩形，单击修改，在修改命令列表中选择Edit Spline命令；进入定点的修改层级，框选四个顶点，设置顶点样式为Corner（角点）样式；进入线段层级，选择矩形底边，按Delete键将其删除，形成单线的门口轮廓样式，如图9-33和图9-34所示。

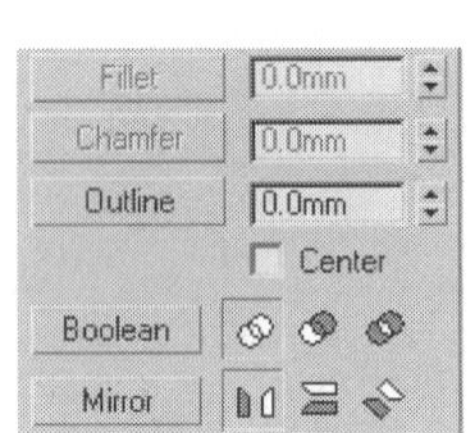

图9-32　轮廓命令位置

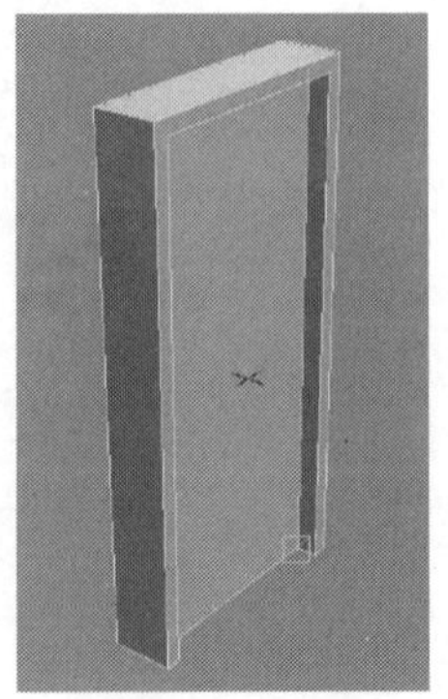

图9-33　在长方形编辑样条线命令中修改点样式

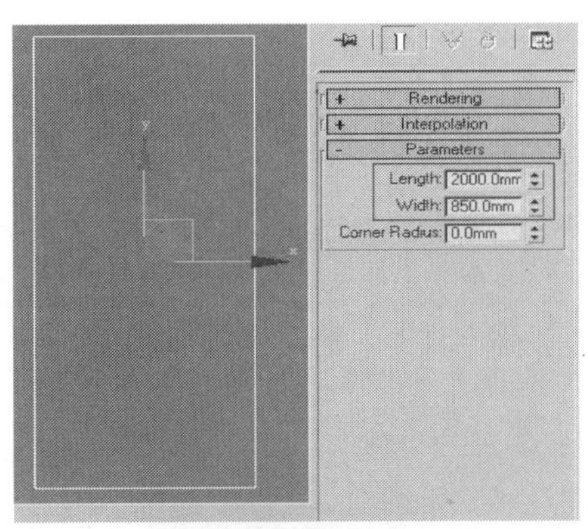

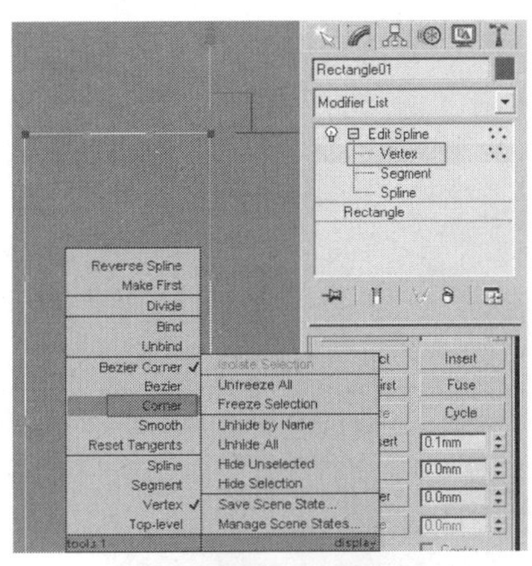

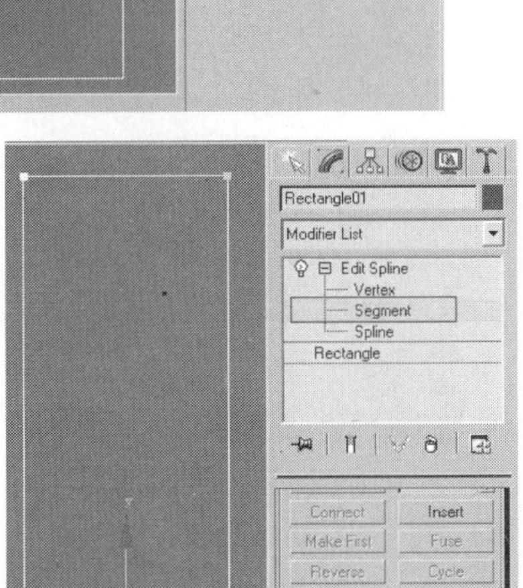

图9-34　进入线段层级，删除矩形低端线段

步骤二：进入编辑样条线层级Spline，在下方的参数面板中Outline参数输入-60，形成宽60的门口里面图形，如图9-35所示。

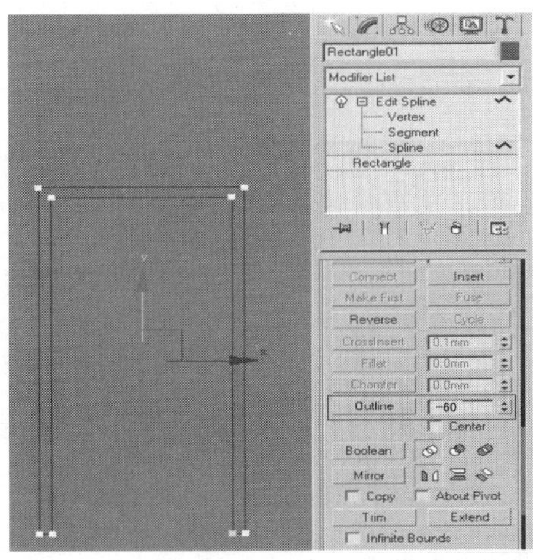

图9-35　进入样条线层级，在下方的参数面板中Outline参数输入-60

步骤三：退出编辑样条线层级，为得到的图形再次加入挤出（Extrude）命令，设定数量（Amount）为240。

步骤四：激活捕捉命令，使用创建立方体命令在门口内在前视图中绘制门板模型；在顶视图中将立方体移动到门口适当位置。至此，简易套装门制作完成，如图9-36和图9-37所示。

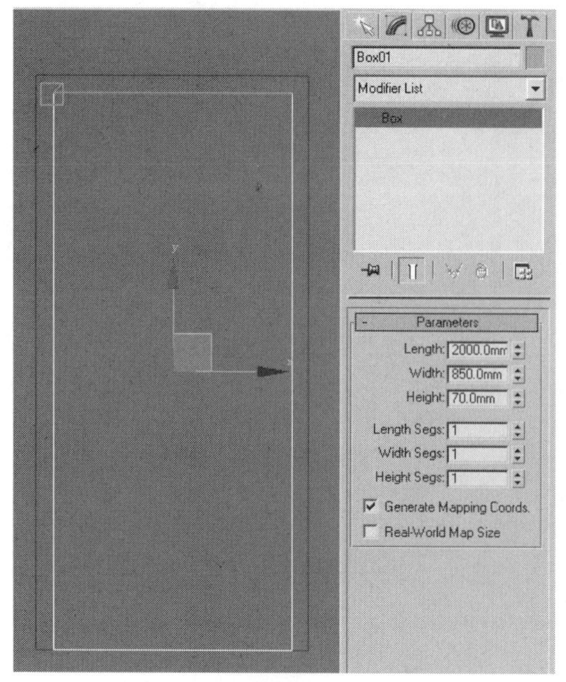

图9-36　在门口内在前视图中绘制门板模型

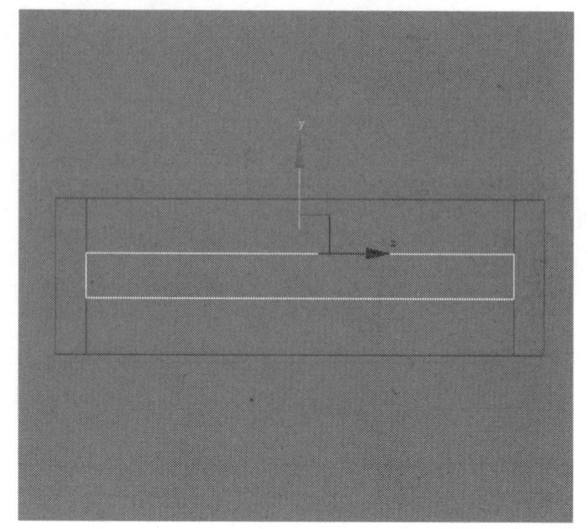
图9-37　将立方体移动到门口适当位置

3）Boolean（布尔运算）。

布尔运算是对两个二维图形进行并集、交集、补集运算从而形成新的复合图形。选择所创建的二维图形，在修改面板中为其加入Edit Spline（编辑样条线）命令，在下方的参数面板中可以找到Boolean按钮。

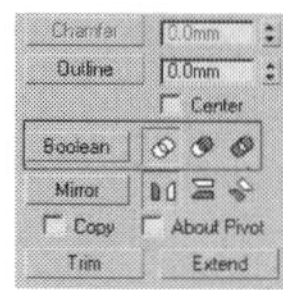

并集：计算两图形共同围合的形状。

补集：相互交叉的图形中，计算图形A减去图形B所得的形状。

交集：相互交叉的图形中，计算两图形共有部分的形状。

实例7　运用布尔运算命令制作如图9-38所示的造型。

步骤一：在前视图中，依次单击创建→二维图形→矩形Rectangle，设定长为1800mm，宽为1200mm；继续创建圆形Circle，设定半径为480mm，并将其移动至如图9-38所示的位置。

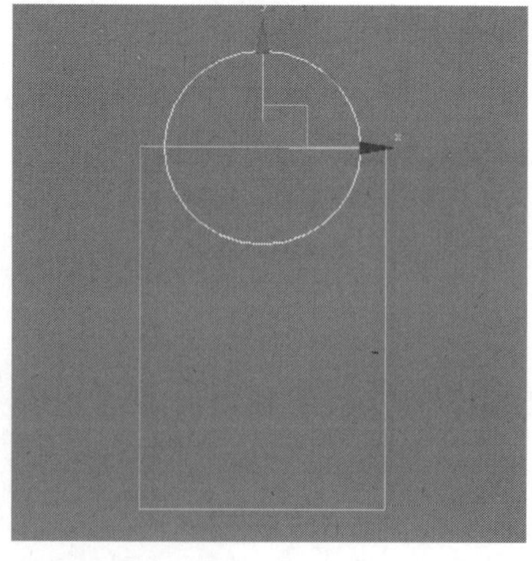

图9-38　创建长方形和圆形并移动

步骤二：选择矩形，单击修改，为其加入Edit Spline（编辑样条线）命令。进入Spline（样条线）层级，使用Attach（连接）命令将矩形与圆形连接，如图9-39所示。

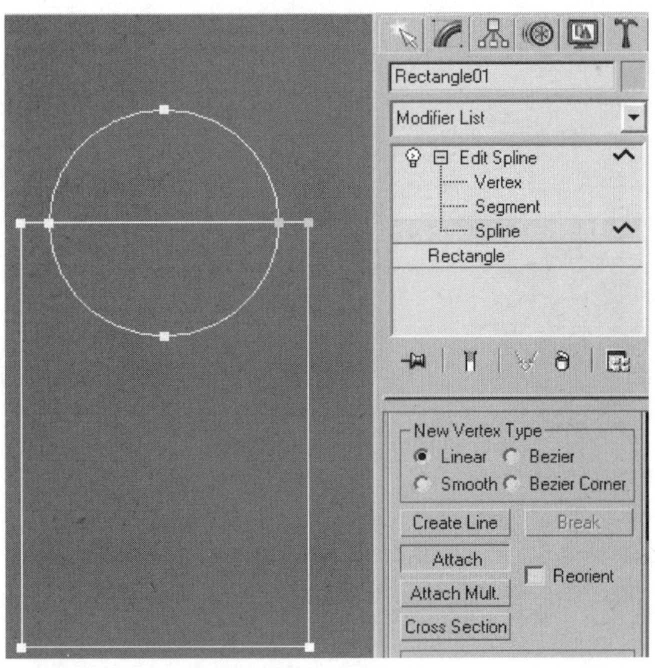

图9-39　将矩形与圆形连接

步骤三：在Spline（样条线）层级中，选择矩形，单击Boolean按钮右侧的并集按钮，然后单击Boolean按钮，最后单击视图中的圆形，如图9-40所示。

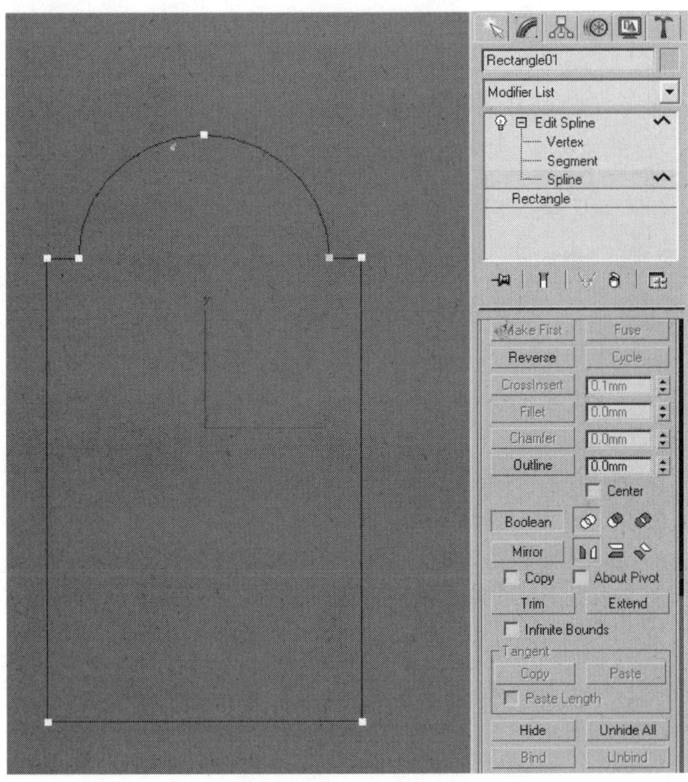

图9-40　圆形与矩形的布尔运算

步骤四：继续创建矩形，设定长为2600mm，宽为1600mm，并将其移动到如图9-41所示的位置。

步骤五：选择步骤三中完成的图形，进入Spline（样条线）层级，用Attach（连接）命令将其与矩形连接；退出样条线层级挤压连接后的图形，输入数量值为200，如图9-42所示。此图形制作完成。

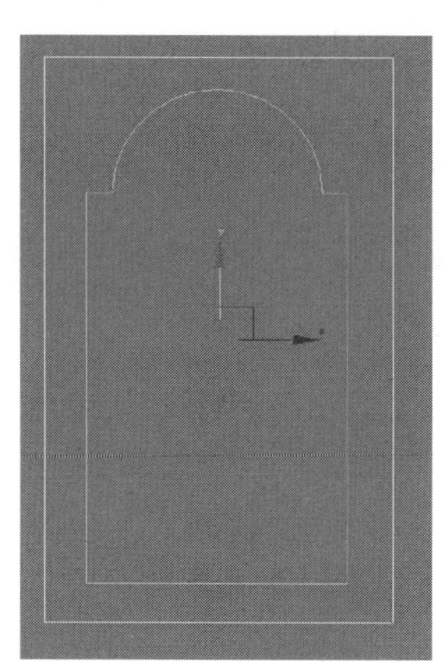

图9-41　创建并移动矩形

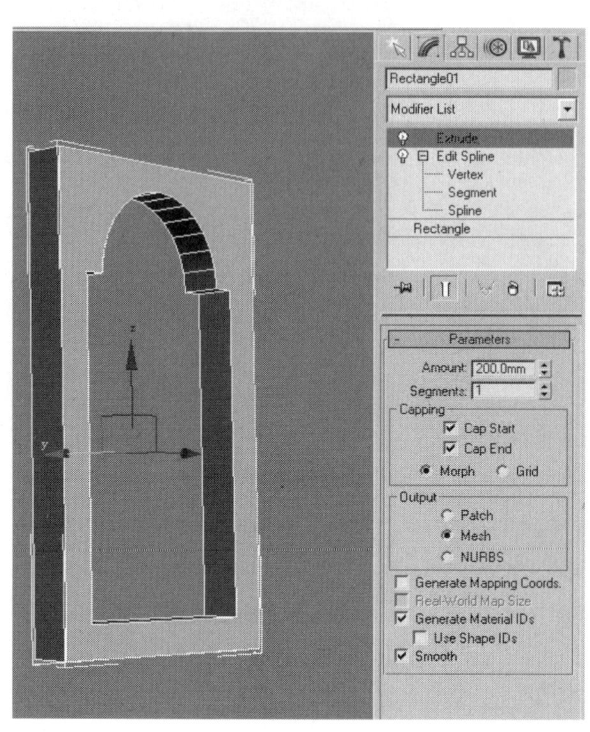

图9-42　连接并挤压图形

4）Detach（分解）。

与连接相反，此命令可将图形的某个部分分离出来，如果勾选右侧的Copy复选项，则可以从图形中分离并复制出某个局部线条，而原图形不发生改变，如图9-43所示。

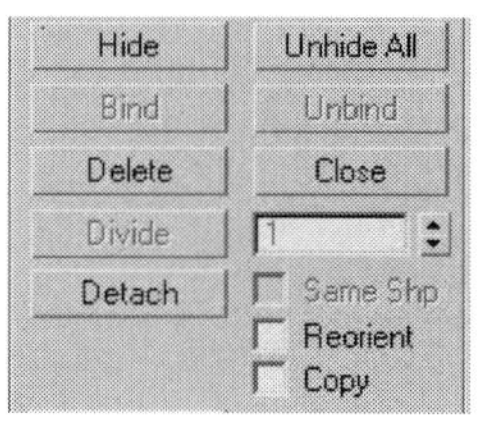

图9-43　分解命令位置

运用Edit Spline命令制作造型及构件是室内设计建模中最快捷的方法之一，希望读者能够熟练应用此操作。

（6）FFD 2×2×2/FFD 3×3×3/FFD 4×4×4 自由变形工具。

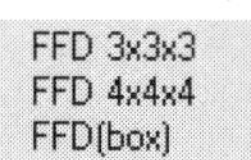

为当前几何体添加可调节其形状的控制点，FFD A×A×A，其中A为方形调节框每一条边上的控制点数量。FFD（box）可自由设置控制点数量，如图9-44所示。

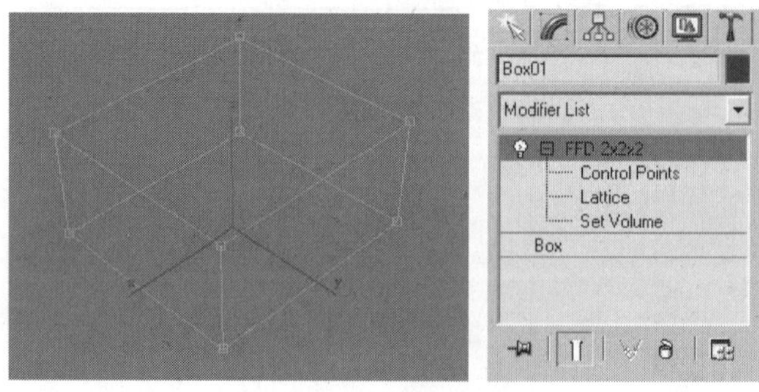

图9-44（一）　控制点样式

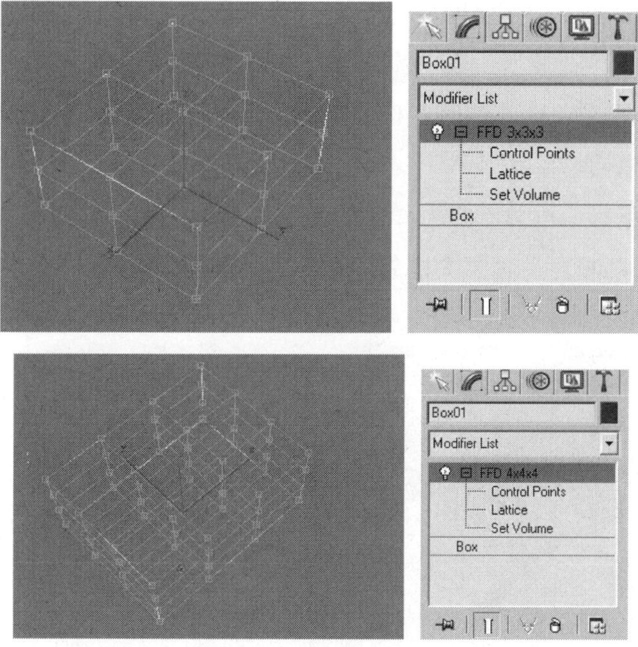

图9-44（二） 控制点样式

展开FFD A×A×A，激活Control Points（控制点），可以对任意一个控制点进行移动、旋转、缩放等操作，如图9-45所示。

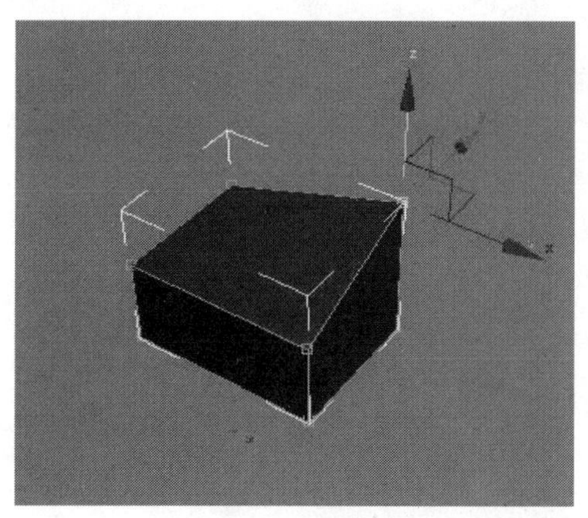

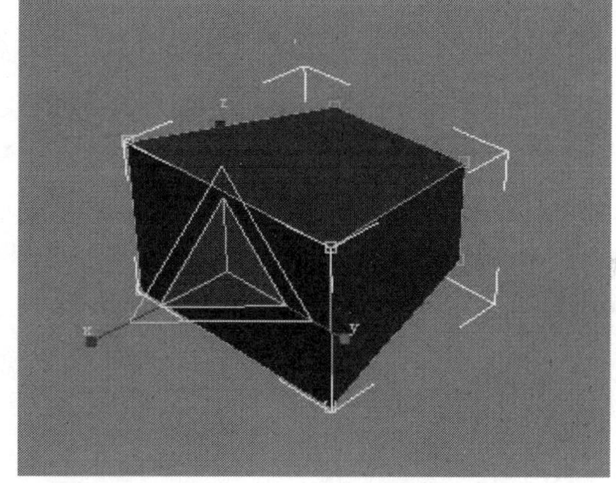

图9-45 编辑控制点

（7）Bend（弯曲）。

为当前物体添加弯曲修改命令，如图9-46所示。

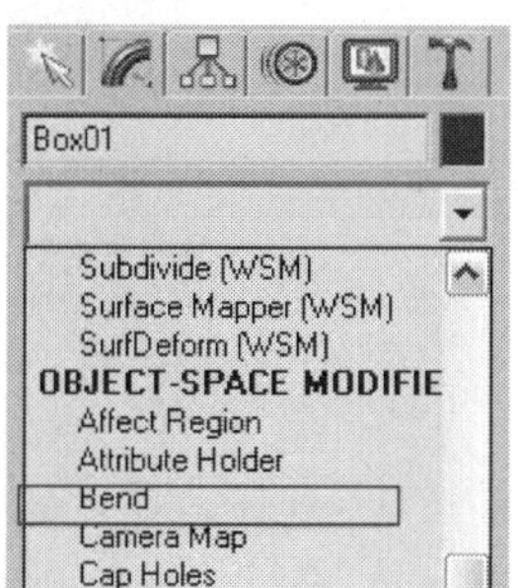

图9-46 弯曲命令位置

实例8　运用弯曲修改命令制作拱形梁。

创建BOX，设置长为400，宽为250，高为4000，高分段数为10；选择该形体，为其加入弯曲修改命令，设置Angle（角度）为180，如图9-47所示。

（8）Normal（翻转法线）。

在3ds max环境中，所有三维体都是由单面可见的表面组成，可见面所对应的垂直方向即为法线方向，使用翻转法线命令能将可见面方向翻转，如图9-48和图9-49所示。

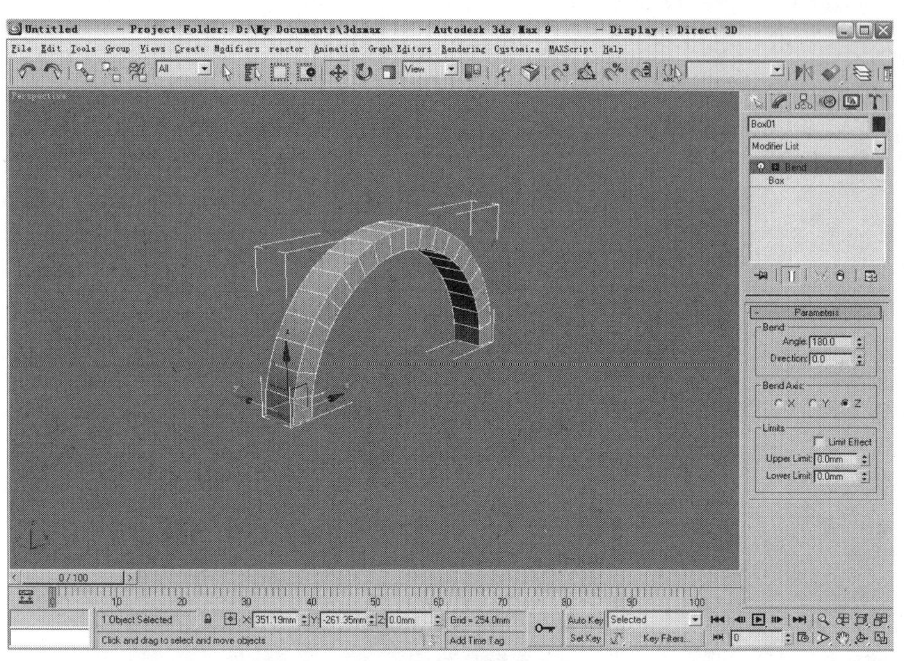

图9-47　拱形梁制作界面

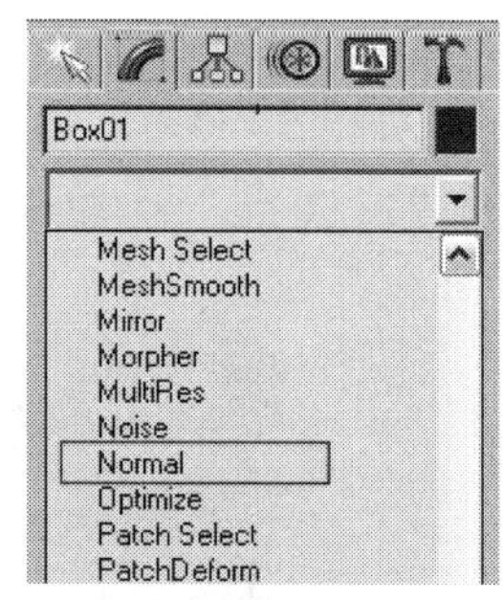

图9-48　翻转法线命令位置

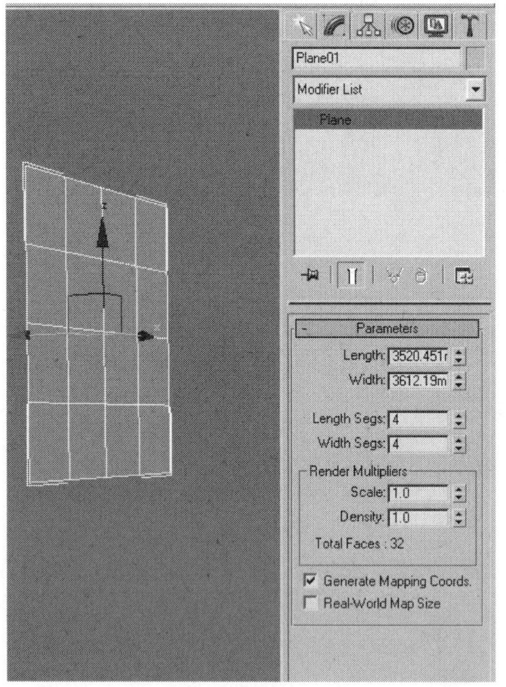

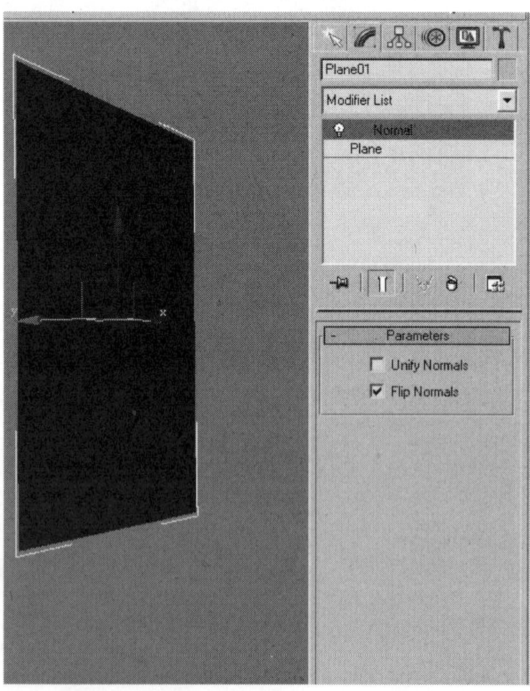

图9-49　使用翻转法线命令能将可见面方向翻转

实例9　快速创建室内空间视图。

步骤一：创建BOX，设置参数为：长5000mm、宽4000mm、高2800mm；在其内部创建摄像机。渲染视图时发现并没有室内界面产生，是因为组成BOX的可见面方向朝向外侧，如图9-50所示。

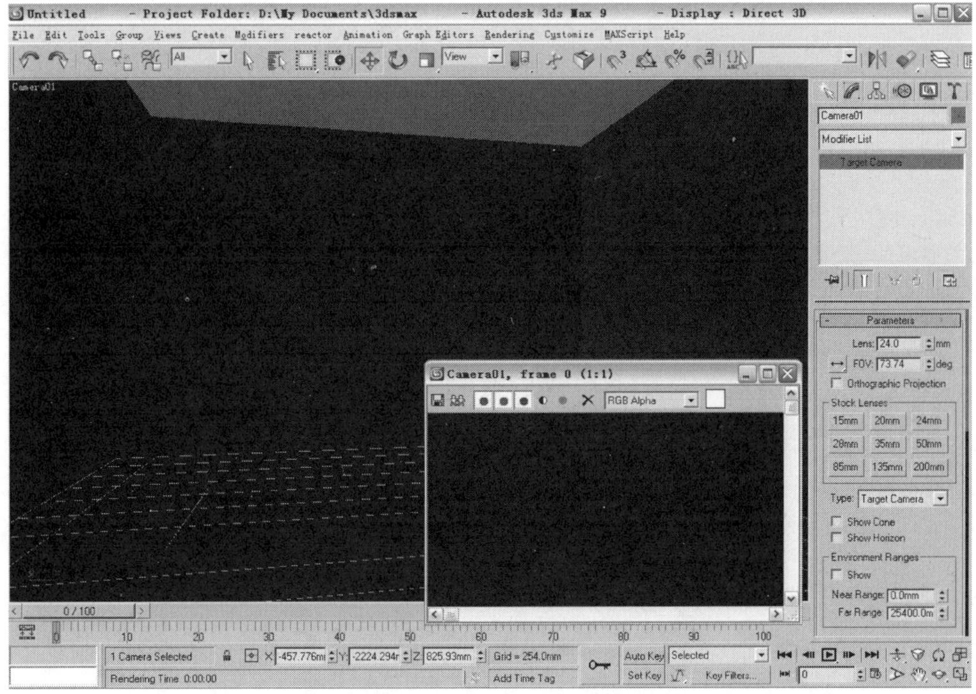

图9-50　在BOX内部观察效果

步骤二：为BOX加入翻转法线的修改命令，将围合室内的6个界面法线方向朝向内部，如图9-51所示。

图9-51　翻转法线之后的效果

（9）Edit Mash（编辑网格）。

编辑网格修改命令是对已成形的三维体进行针对局部控制修改的命令。

编辑网格修改命令分为五个层级：点（Vertex）、边（Edge）、三角形面（Face）、多边形面（Polygon）、元素（Element），如图9-52所示。

（10）Lathe（旋转）。

旋转命令是通过对二维形态沿着特定的轴进行旋转得出轨迹形体，如图9-53所示。

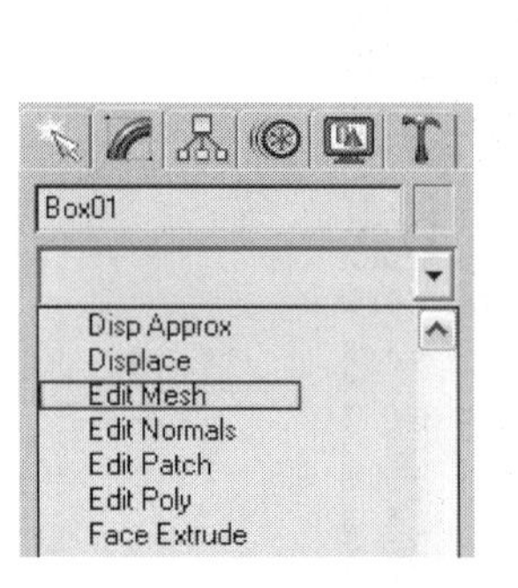

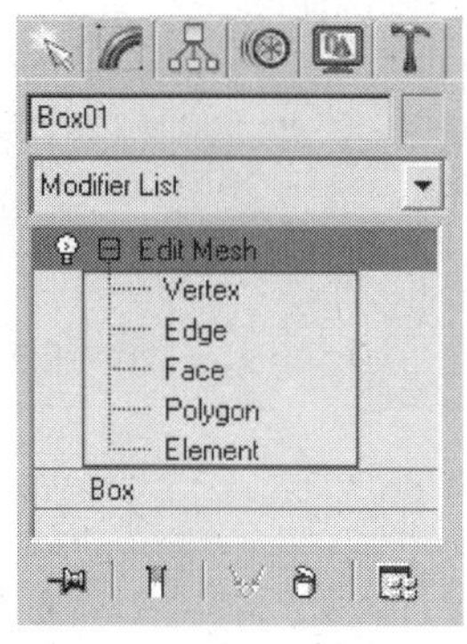

图9-52　编辑网格命令

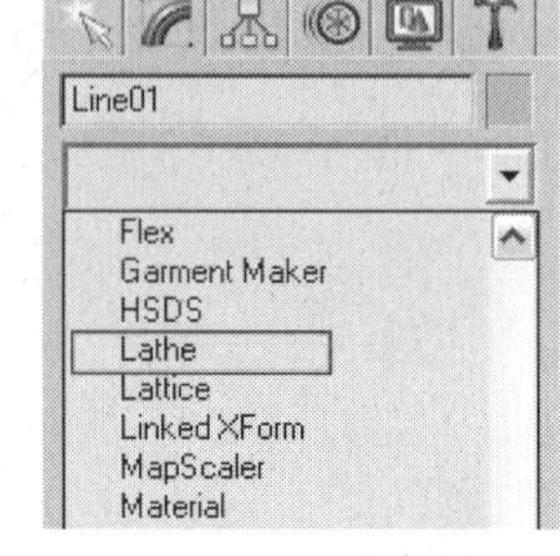

图9-53　旋转命令位置

实例10　制作室内陈设——花瓶。

步骤一：使用Line（直线）命令在前视图中绘制花瓶侧剖面形状，如图9-54所示。

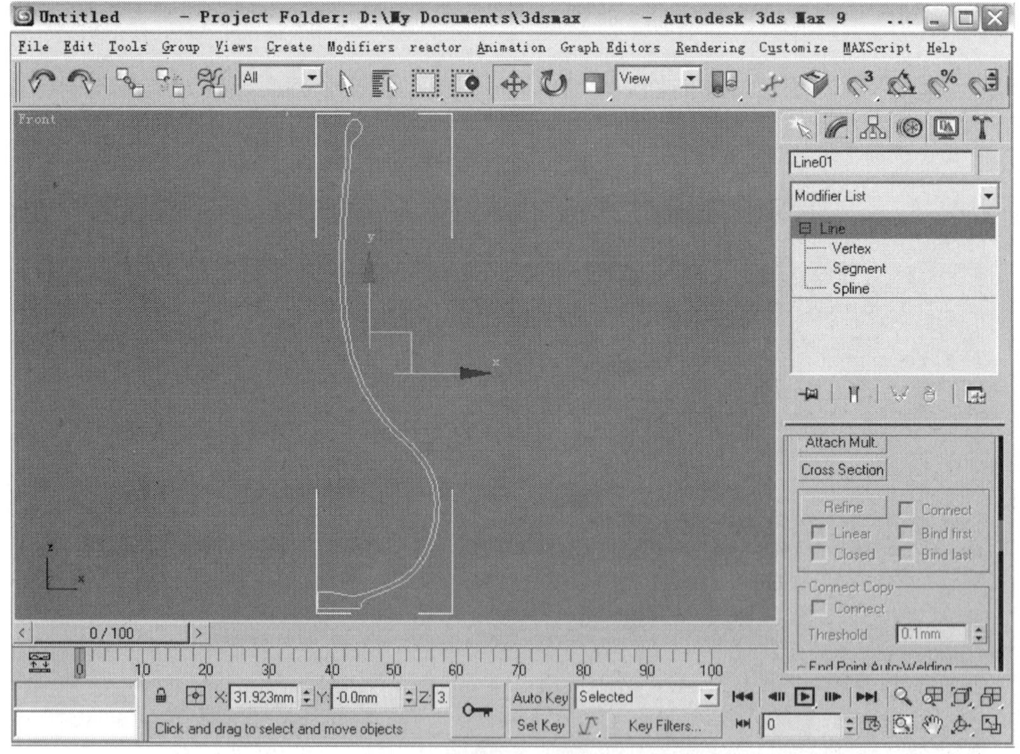

图9-54　绘制花瓶侧剖面形状

步骤二：为剖面形状加入旋转修改命令，单击下方参数面板中的Min按钮，形成花瓶形状；调节Segments参数为28，增加花瓶的光滑程度，如图9-55所示。

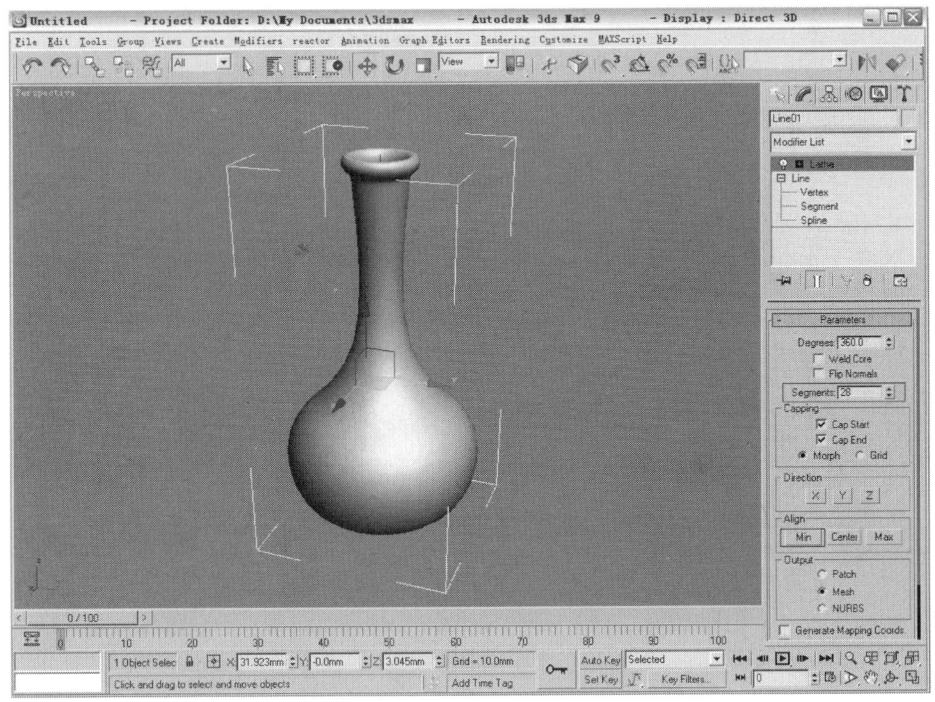

图9-55 为剖面形状加入旋转修改命令

（11）Uvw Map（贴图坐标）。

Turn to Poly
Twist
Unwrap UVW
UVW Map
UVW Mapping Add
UVW Mapping Clear
UVW Xform

贴图坐标用于调整物体或群组上贴图的位置及大小。

在参数中，位图类型为BOX，下方的长宽高参数为贴图大小设置。

展开贴图坐标层级，单击Gizmo可以对贴图进行移动、旋转、缩放的操作，如图9-56和图9-57所示。

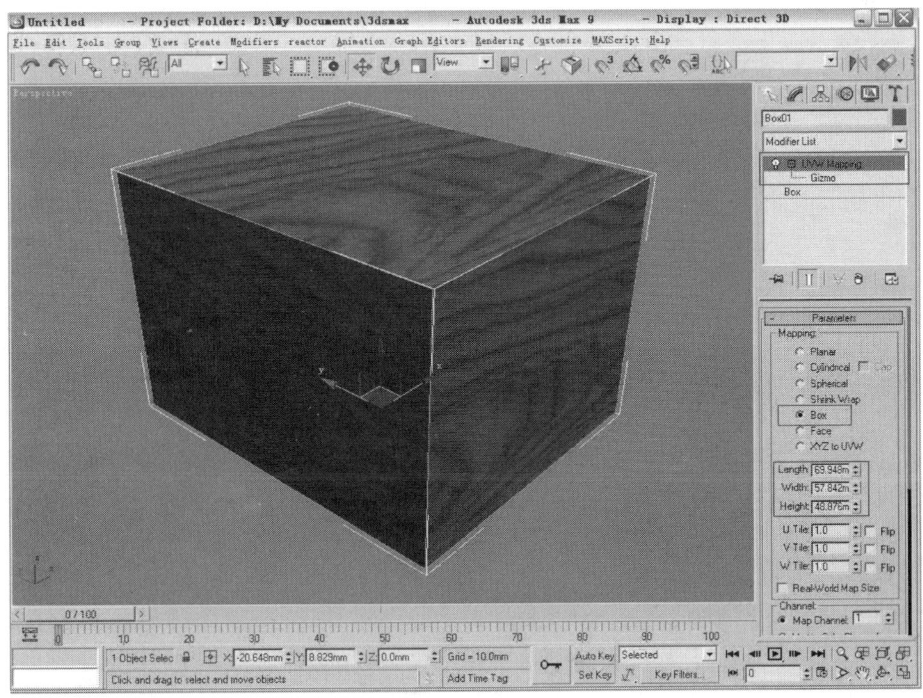

图9-56 贴图坐标操作面板

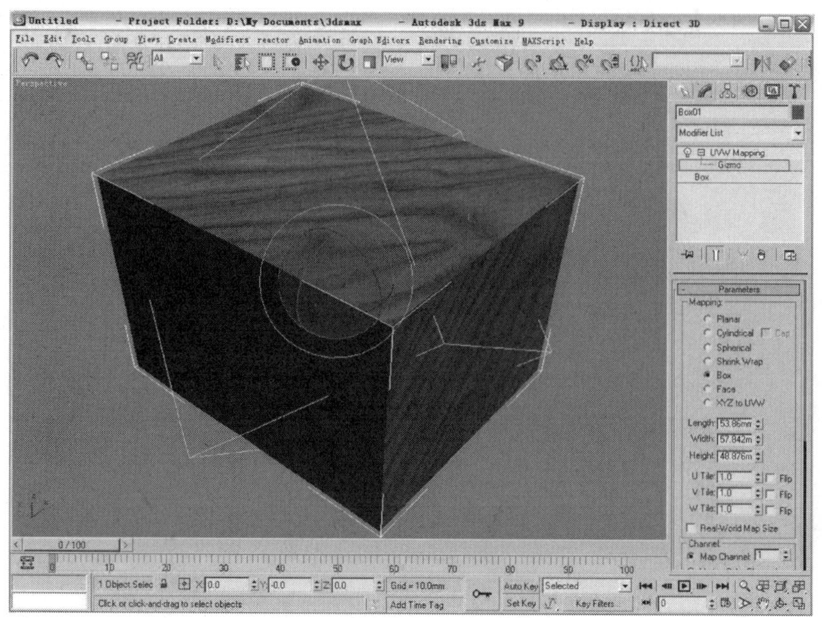

图9-57　贴图坐标下的Gizmo层级

9.2　常见渲染命令及其运用

渲染是室内效果图制作中的一个关键环节，它是通过对模型空间中物体的质感、光影进行详细计算，最终将三维模型转化为真实的二维图像。而且，它不仅是在最终出图时才需要，在效果图绘制过程中，从建模开始就不断地使用它，一直到材质、环境、光线的调节。渲染参数的差异直接决定最终效果图的品质。

9.2.1　渲染工具

渲染工具栏如图9-58所示。

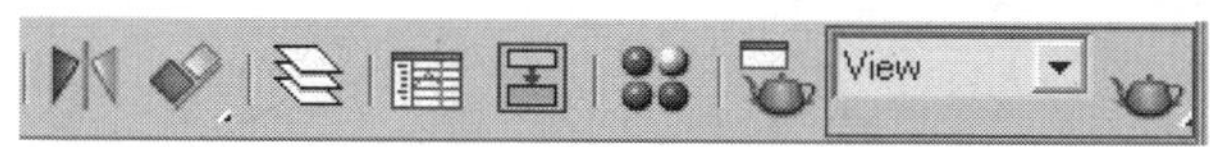

图9-58　渲染工具栏

1. 快速渲染（产品）按钮

“开始渲染器”按钮，用于对产品级别的图像进行快速渲染，在室内效果图制作中通常使用此类渲染按钮，快捷键为Shift+Q或F9。

2. “渲染设置”按钮

单击此按钮可以打开“渲染设置”对话框，在该对话框中提供了各项渲染的相关参数，包括基本参数设定、高级照明、光线跟踪的全局设置，并且可以加载Vray渲染器并设置Vray的所有参数，如图9-59所示。

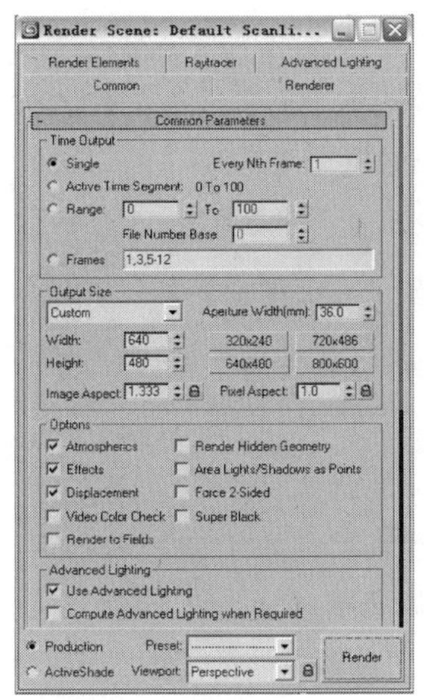

图9-59　渲染设置面板

（1）Common Parameters（公用参数）卷展栏，如图9-60所示。

1）Time Output（时间输出）区域。

Single（单帧）：对当前帧进行渲染，输出二维图像。制作室内效果图默认选择此项。

Active Time Segment（活动时间段）：按照下方时间滑块显示的帧进行渲染。

Range（范围）：通过输入帧的范围来确定渲染帧数。

Frames（帧）：指定特殊的单帧或时间进行渲染。

2）Output Size（输出大小）区域：设定所渲染图像的像素大小。

Width/Height（宽度/高度）：设置图像的宽度和高度上的像素数量。

固定尺寸：系统提供的供选择的4个尺寸按钮。右击任意按钮，可以设置预设尺寸按钮。

Image Aspect（图像宽高比）：设置并可以锁定当前图像的宽高比。

Pixel Aspect（像素宽高比）：设置单个像素宽高比从而决定像素形状。

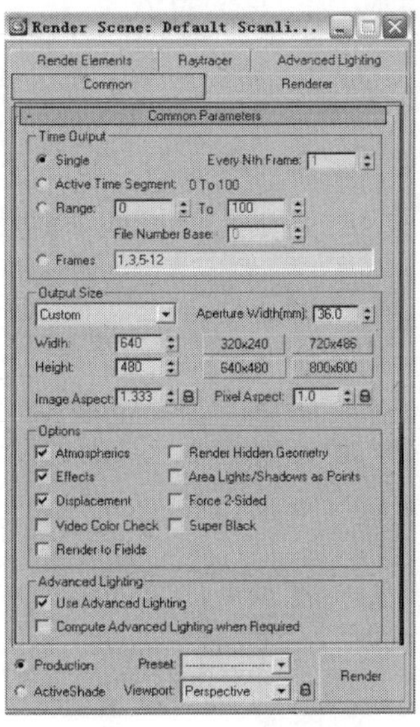

图9-60　公用参数面板

3）Options（选项）区域。

Atmospherics（大气）：是否渲染场景中的雾效、体积光等大气效果。

Effect（效果）：是否渲染场景中的特殊效果。

Displacement（置换）：是否渲染场景中的置换贴图效果。

Video Color Check（视频颜色检查）：检查像素颜色阈值。

Render to fields（渲染隐藏几何体）：是否渲染场景中被隐藏的几何体。

Area lights/Shadows as Points（区域光源/阴影视作点光源）：场景中所有面光源和面阴影是否使用点光源和阴影贴图的方式进行渲染。

Force 2-Sides（强制双面）：是否渲染对象的内外表面。

Super Black（超级黑）：限制几何体渲染的黑色。

4）Advanced Lighting（高级照明）区域。

由于当前室内效果图制作采用Vray渲染器，因此本书对3ds max默认的高级照明不进行讲解。

5）Render Output（渲染输出）：通过此命令可将渲染后的图像自动保存到指定目录下。

6）Rendered Frame Window（渲染帧窗口）：勾选此项可在渲染过程中出现一个渲染窗口，从而显示图像渲染状态。

（2）Assign Renderer（指定渲染器）卷展栏，如图9-61所示。

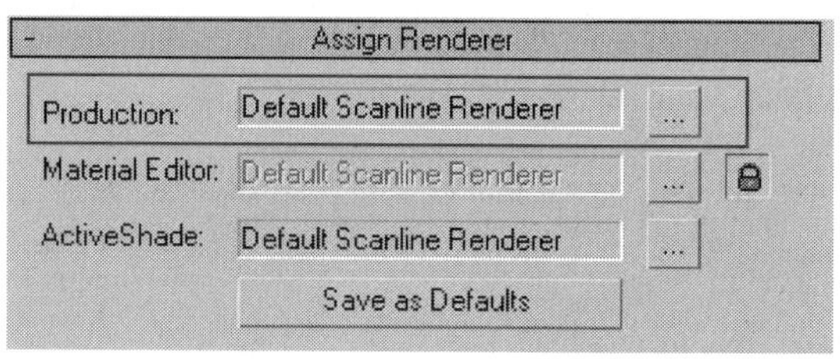

图9-61　指定渲染器面板

在下方列表中依次为Production（产品）、Material Editor（材质编辑器）、ActiveShade（实时渲染），其中单击产品右侧的按钮打开并加载已安装的Vray渲染器，如图9-62所示。

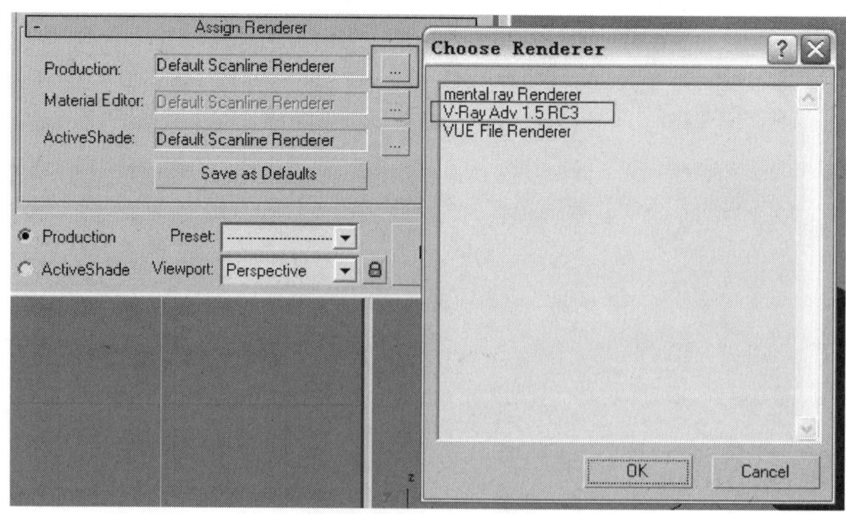

图9-62　加载Vray渲染器

9.2.2 渲染类型菜单

渲染类型菜单如图9-63所示。

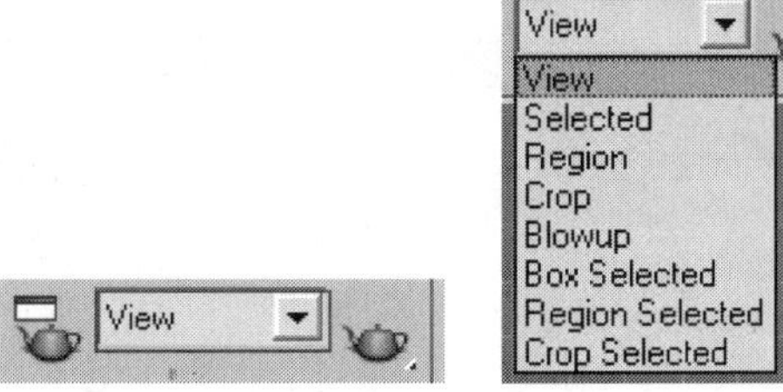

图9-63 渲染类型菜单

View（视图）：渲染当前被激活的视图。

Select（选定对象）：渲染当前视图中被选择的对象。

Region（区域）：框选当前视图内的某个区域进行渲染，当选择此类型时，单击“渲染”按钮会在视图中出现一个可调节渲染区域大小和形状的虚线框，调节完成后单击右下角的OK按钮开始渲染，如图9-64所示。

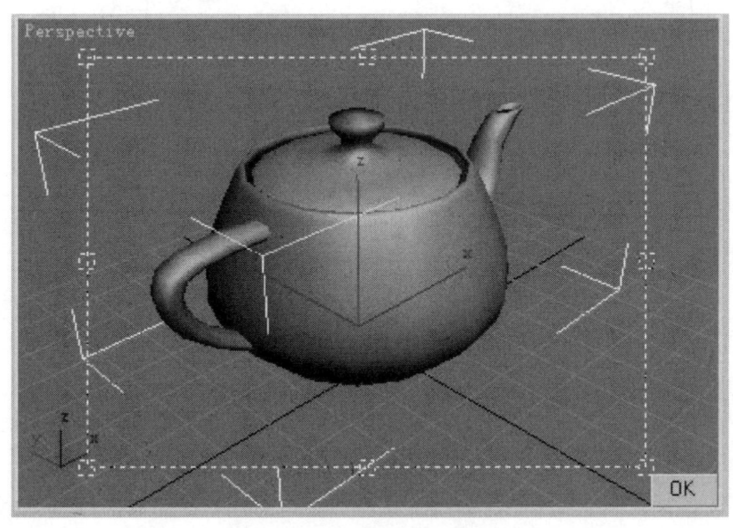

图9-64 选择渲染区域

Blowup（放大）：与区域渲染方法相同，但是类型可改变最终渲染图像的尺寸。

Crop（裁切）：按照选择区域面积裁切，渲染出的图像与裁切后的比例相等。

选定对象边界框：对当前选择对象的边界框区域进行渲染。

选定对象区域：将当前选择对象所在的区域进行渲染，原渲染尺寸不变。

裁切选定对象：对当前选择对象所在的区域进行裁切渲染。

9.2.3 Vray渲染器常用参数

这里使用的Vray 版本为Vray 1.5 RC3 简体中文版，如图9-65所示。

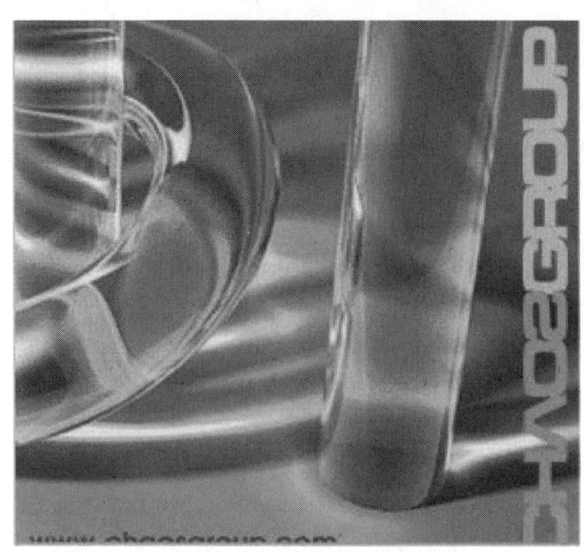

图9-65　Vray渲染器

1. 加载Vray渲染器（Assign Renderer）

打开渲染参数对话框，单击Common公用参数框下指定渲染器（Assign Renderer）下方的Production（产品）右侧的按钮，在弹出的列表中选择Vray渲染器并单击OK按钮即可完成加载，如图9-66和图9-67所示。

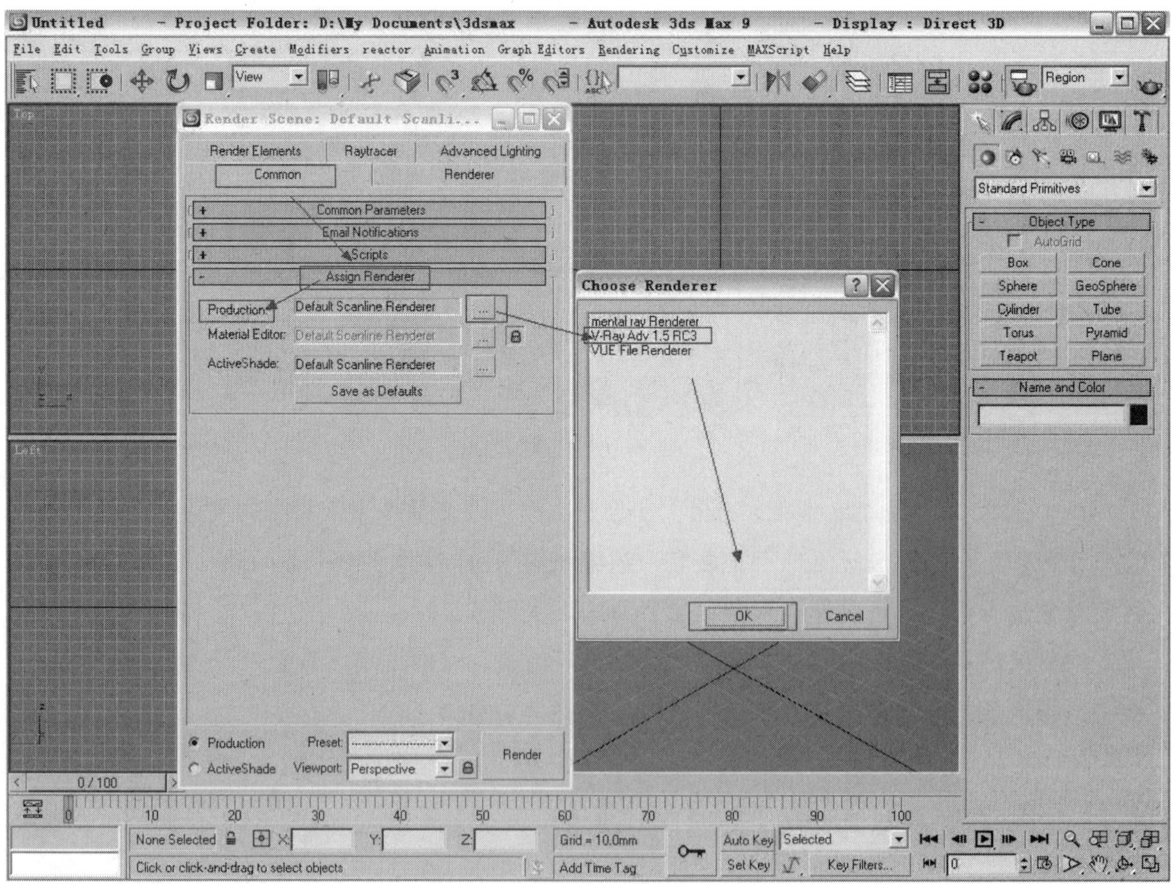

图9-66　加载Vray渲染器步骤图

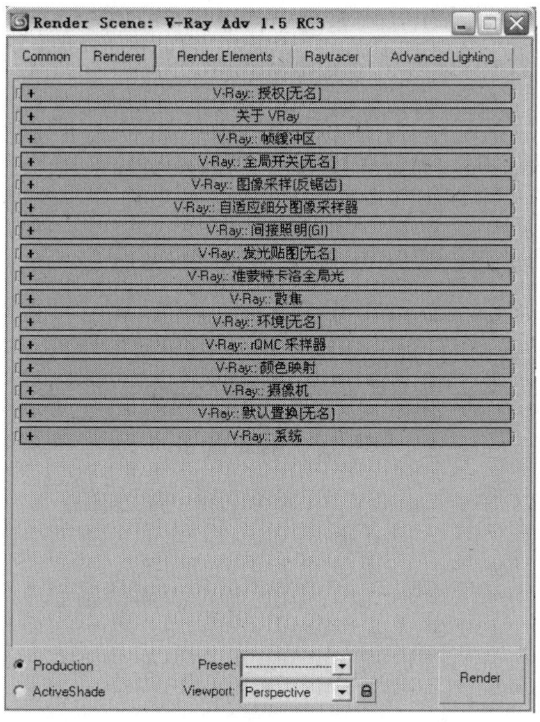

图9-67　加载后的Vray渲染器

2. Vray常用参数

（1）图像采样（抗锯齿）。

Vray采用几种方法来进行图像的采样。所有图像采样器均支持max的标准抗锯齿过滤器，尽管这样会增加渲染的时间，如图9-68所示。

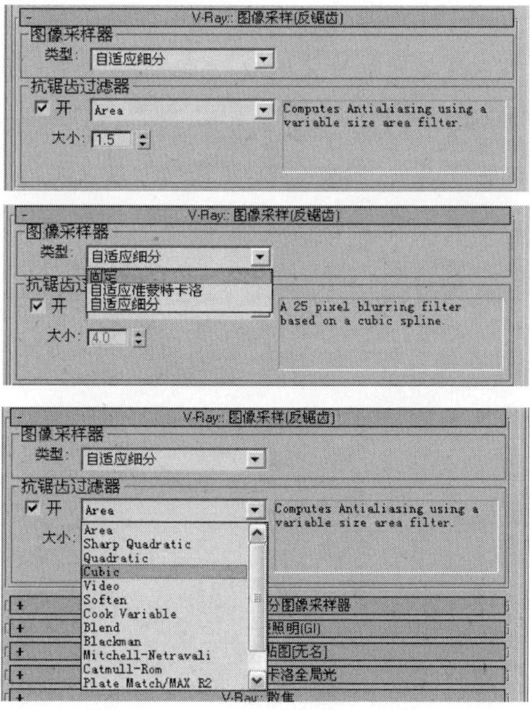

图9-68　图像采样（抗锯齿）

固定采样：这是最基础的采样方法，它对每个像素采用固定采样。

自适应准蒙特卡洛：一种高级采样方式，对图像中的像素先进行较少数量的采样，然后对画面中的某些像素进行高级采样。在室内效果图制作中最终渲染时我们选择此种类型。

自适应细分：此类型也是一种高级采样方式，是以较少的采样并且花费较少的时间获得较高的图像质量。

抗锯齿过滤器：勾选“开”复选项则开启抗锯齿过滤器。

Area（面域）：抗锯齿的计算方式为可变的区域过滤器。

Sharp Quadratic（清晰四方形）：通过像素重组过滤。

Quadratic（四方形）：四方形样条线的9像素模糊过滤器。

Cubic（立方体）：立方体样条线的25像素模糊过滤器。

Video（视频）：对常见的两种视频格式NTSC和PAL进行优化。

Soften（柔化）：柔化图像，产生模糊效果。

Cook Variable：1～2.5之间图像清晰，大于2.5时值越大越清晰。

Blend（混合）：清晰与柔化过滤的混合。

Blackman：清晰但没有边缘增强效果。

Catmull-Rom：产生边缘增强效果，使图像更为清晰明快。在室内效果图制作中最终渲染时我们选择此种类型。

Plate Match/MAX R2：无贴图过滤。

（2）间接照明（GI）。

Vray采用两种方法进行全局照明计算：直接计算和光照贴图。

直接照明计算是一种简单的计算方式，它对所有用于全局照明的光线进行追踪计算，它能产生最准确的照明结果，但是需要花费较长的渲染时间。

光照贴图是一种使用复杂的技术，能够以较短的渲染时间获得准确度较低的图像，如图9-69所示。

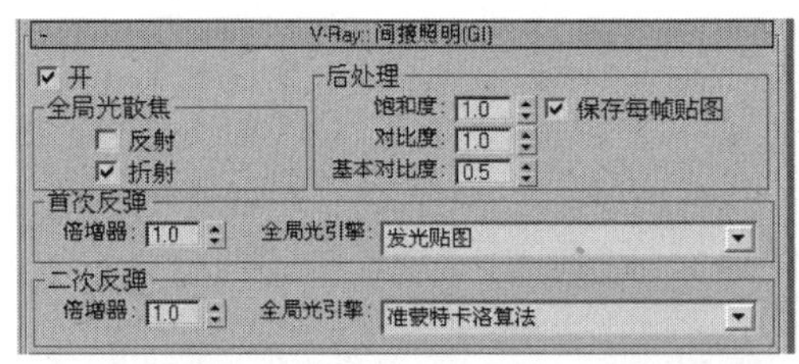

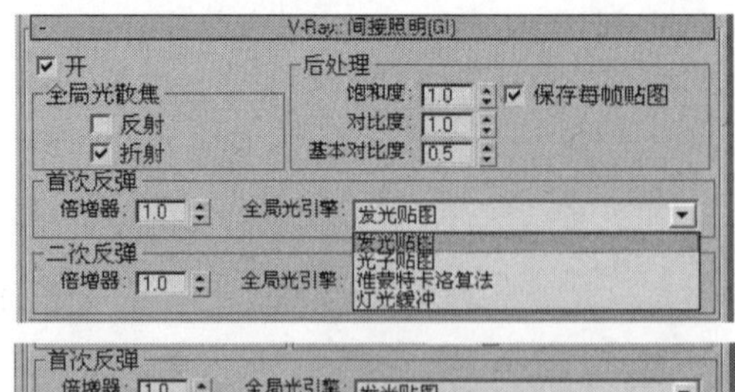

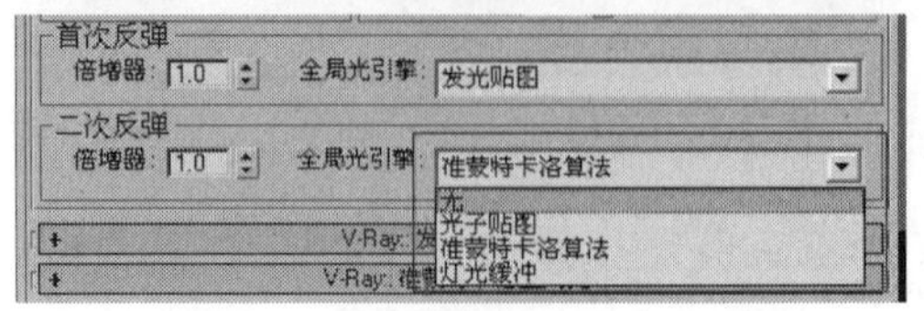

图9-69　间接照明参数面板

开：打开或关闭全局照明。

1）全局光散焦区域。

反射：是否允许间接的光照从反射的物体中产生反射散焦。

折射：是否允许间接的光照通过透明物体产生折射散焦。

2）后处理区域。

包括饱和度、对比度、基本对比度三项参数，主要是对间接照明在增加到最终渲染图像前进行一些额外的修正。一般情况下使用默认参数值。

3）首次反弹。

倍增器：此值为一次反弹对最终的图像照明的作用。

全局光引擎选项的选项作用如下：

发光贴图：基于发光缓存技术，仅对计算机场景中某些特定点进行间接照明，然后对剩余的点进行差值计算。

光子贴图：追踪光源发射方向并能够追踪在场景中来回反弹的光子。对于存在大量灯光或较少窗户的室内或半封闭场景来说使用这种方法是比较适合的。

准蒙特卡洛算法：此项被采用为蒙特卡洛法进行分析，即随机抽样法。

灯光缓冲：是一种近似于场景中全局光照明的技术，与光子贴图类似。灯光贴图是建立在追踪摄像机的许多可见光线路径的基础上的，每一次沿路径的光向反弹都会存储照明信息，此项可用于室内和室外场景的渲染计算。它可以直接使用，也可以被用于使用发光贴图或直接计算时的光线二次反弹计算。

4）二级反弹。

倍增值：设定该值为二级反弹倍增值。

全局光引擎中的选项与首次反弹中的选项意义相同。

（3）发光贴图的基本参数，如图9-70所示。

1）当前预置区域，各选项的作用如下：

非常低：此方式的预设模式参数较低，多用于测试渲染。

低：部分参数高于非常低级别的参数。

中：中等品质的预设模式，可产生较好的渲染效果。

中-动画：较能减少动画中的闪烁。

高：属于高品质预设模式，可以使渲染画面产生大量细节。

高-动画：可在逐帧渲染的情况下解决动画闪烁的问题。

非常高：此级别可高品质地渲染出有大量细节的复杂场景。

自定义：此模式可根据需要调节效果不同的参数。

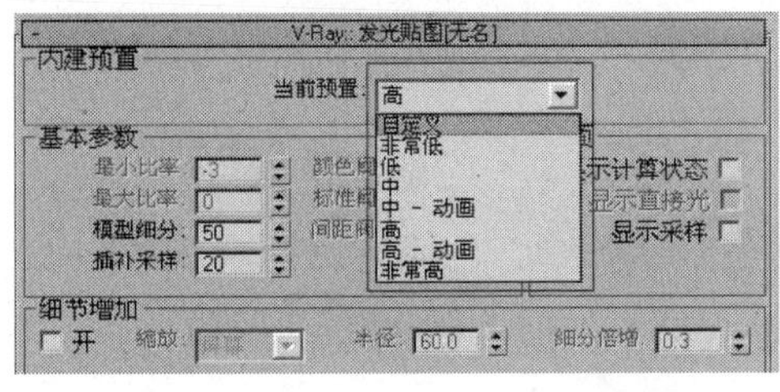

图9-70　发光贴图中的当前预置选项

2）基本参数区域，如图9-71所示。

最小比率：确定每个像素中最少的全局照明采样数目，此值为负值时能够快速计算图像中大块较平坦的区域。

最大比率：确定每个像素中最大的全局照明采样数目。

相邻颜色极限值：当相邻的全局采样点颜色差异值超过该值时，Vray将进行更多的采样以获取更多的采样点。

法线极限值：当相邻采样点的法线向量夹角余弦值超过该值时，Vray将会获取更多的采样点

距离极限值：当相邻采样点的距离值超过该值时，Vray将会获取更多的采样点。

半球细分参数：该参数决定单独的全局光照样本的品质。参数较小时会获取较快的速度，但容易产生黑斑，较高的值可以得到平滑的图像。准蒙特卡洛方式采样器相对参数对其有影响。

插补采样：定义被用于插值计算的全局光样本的数量。此值较大时会模糊全局光细节，而使图面较光滑，低值会产生更光滑的细节，但是容易产生黑斑。

3）选项区域，如图9-71所示。

显示计算状态：可以观看到计算过程中的图像也会增加渲染时间。

显示直接光照：只在“显示计算状态”勾选的时候才能被激活。它将促使Vray在计算机发光贴图的时候显示初级漫射反弹，除间接照明外的直接照明。

显示采样：勾选此项时，Vray将渲染出发光贴图的图像。

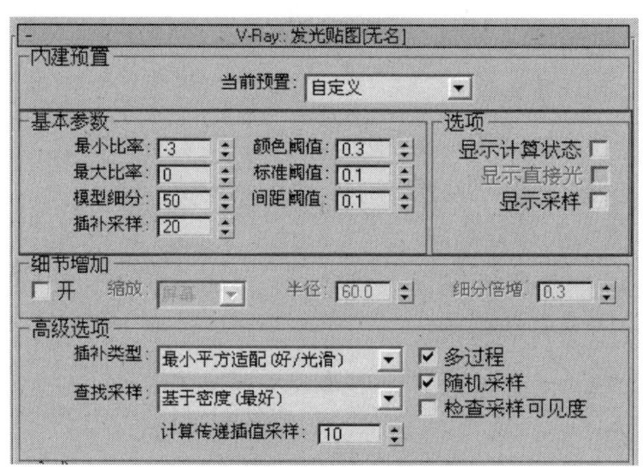

图9-71　发光贴图中的基本参数及选项面板

4）高级选项区域。

插补类型：下拉列表框提供了四种类型，如图9-72所示。

权重平均值：根据光子贴图中全局光样本点到插补点的距离和法向差异进行简单的混合得到，会出现一些斑点。

最小平方适配：采用此项，虽然会出现一些斑点，但相比之下更好、更平滑。

Delone三角剖分：虽然会产生很多斑点，但相比之下会使渲染时间变短。

最小平方w/roronoi权重：虽然会产生较少的斑点，但相比之下渲染时间会过长，处理得也不够光滑。

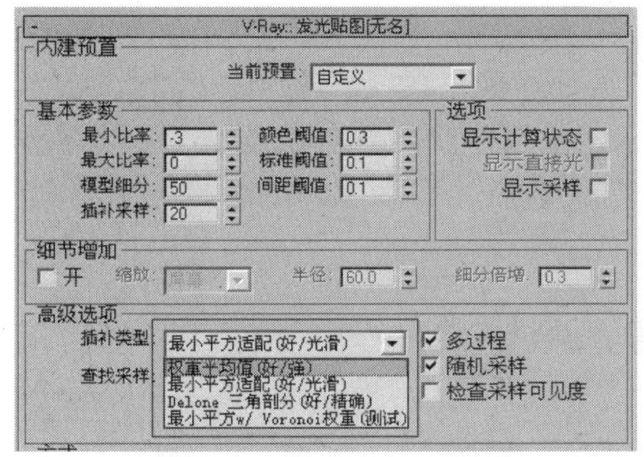

图9-72 “插补类型”下拉列表框

查找采样：下拉列表框提供了四种方式，如图9-73所示。

平衡嵌块：针对接近方式产生密度偏置的补充，此种方式将插补点在空间上划分成四个区域，并在它们之间寻找相等数量的样本。此方式较慢但是效果较好。但有时在寻找样本的过程中，会拾取远处与插补点不相关的样本。

接近：此方式将简单地选择光子贴图中最靠近插补点的样本，非常快。但当光子贴图中某些地方样本密度发生改变的时候，它会在高密度的区域中选取更多的样本数量。

重叠：这种方式是作为解决上面介绍的两种方法的缺点而设置的，它对光子贴图样本有一个预处理的过程。当在任意点进行插补的时候，将会选择周围影响半径范围内的所有样本。其优点就是在使用模糊插补方法的时候产生连续的平滑效果。它比另外两种方法要快速。

基于密度：这是几种方式中效果最好的，渲染速度相对也最慢。

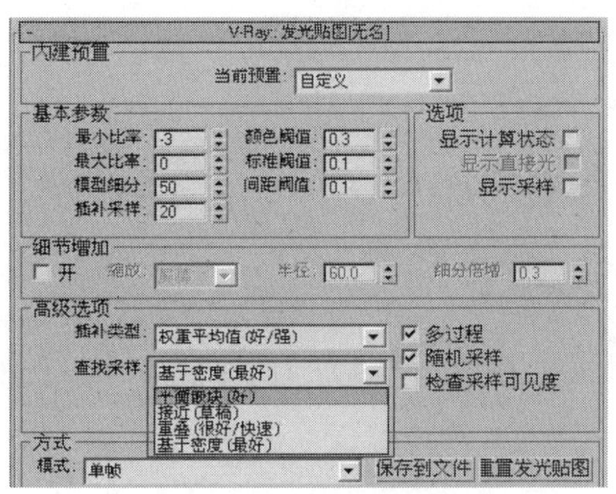

图9-73 “查找采样”下拉列表框

计算传递插值采样：指已经被采样算法计算的样本数量。低值可以加快计算，但会使计算信息存储不足，较高参数值会使速度减慢，所调参数最好不要超过15。

多过程：通常在多处理器机器上，几个处理器会同时计算并修改光子贴图。

随机采样：勾选此项，在计算光子贴图时光子样本将随机放置，不勾选时，将在屏幕上产生排列成网格的样本，推荐使用默认。

检查采样可见度：在渲染过程中，它可以有效地防止灯光穿透两面接受完全不同照明的薄壁物体时产生的漏光现象，但是勾选之后会使渲染速度减慢，如图9-74所示。

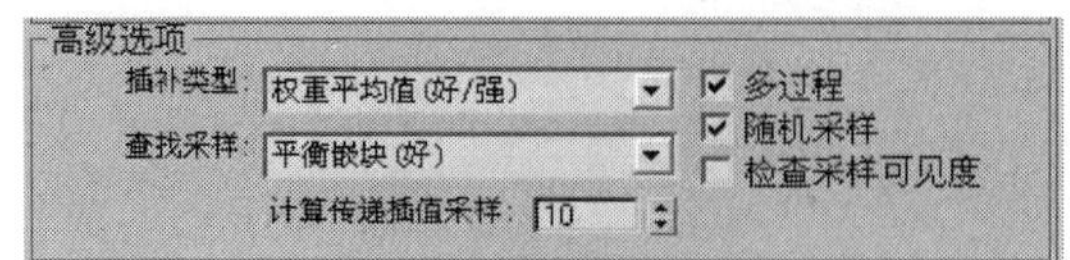

图9-74　高级选项面板

4）方式。

光子渲染模式下拉列表框，如图9-75所示。

单帧：在此模式中，Vray单独计算每一个帧的光子贴图，即在计算完一帧后会将前一帧的光子贴图删除，重新计算新的光子贴图。

多帧增加：此模式在有摄像机移动时比较有用，当计算第一个渲染帧之后，Vray将重新使用或精炼已经计算了的发光贴图，继续下一帧的计算。

从文件：此模式将导入一个计算并存储好的光子贴图，供当前场景渲染使用，在渲染过程中将不会计算新的光子贴图。

5）渲染后。

不删除：勾选该项时，Vray会在完成场景渲染后将光子贴图保存在内存中，否则，该光子贴图将会被删除，所占内存会被释放。在大多数情况下，此项应为勾选状态，尤其是在渲染动画的情况下。

自动保存：可以设定自动光子贴图保存路径。动画尤为有用。单击其后的Browse按钮可为光子贴图指定保存位置和名称。

切换到保存的贴图：在光子贴图计算完成之后可自动将保存的光子贴图加入到From File选项后面的参数栏中。

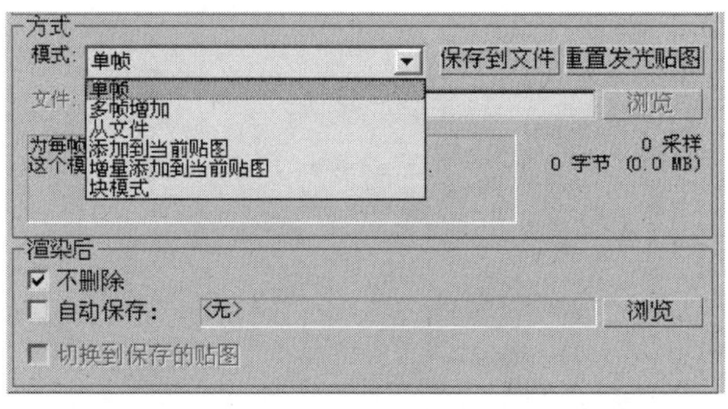

图9-75　方式面板

（4）Vray：准蒙特卡洛全局光面板。

细分：设置准蒙特卡洛采样的细分值，此值并不代表Vray 将会追踪的光线准确的数量，但是会受到QMC sample卷展卷中参数的限定。

二次反弹：此参数控制光线反弹的次数，如图9-76所示。

图9-76　Vray：准蒙特卡洛全局光面板

（5）V-Ray灯光缓冲面板，如图9-77所示。

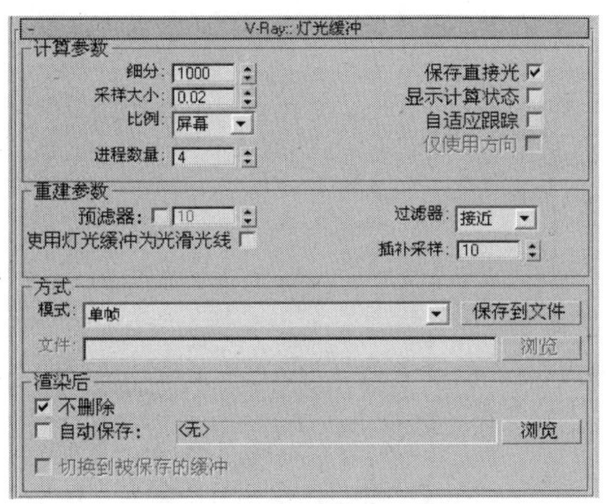

图9-77　Vray：灯光缓冲面板

1）计算参数区域。

细分：此值将确定有多少来自摄像机的路径被追踪，默认值为1000，指的是将有1000条照相机路径被追踪。细分值越高效果越细腻，速度也会越慢。

采样大小：灯光贴图中样本的间隔。

比例：有两个选项，用于确定样本尺寸和过滤器尺寸。

保存直接光：勾选后光子贴图会存储和插补直接光照明的信息。

显示计算状态：是否显示路径的追踪过程。

进程数量：通常此参数设置为1。

2）方式区域。

此区域的内容同发光贴图中的方式区域。

（6）Caustics（散焦）面板。

作为一种先进的渲染系统，Vray支持散焦特效的渲染。为了产生这种效果，场景中必须有散焦光线发生器和散焦接收器，参数面板如图9-78所示。

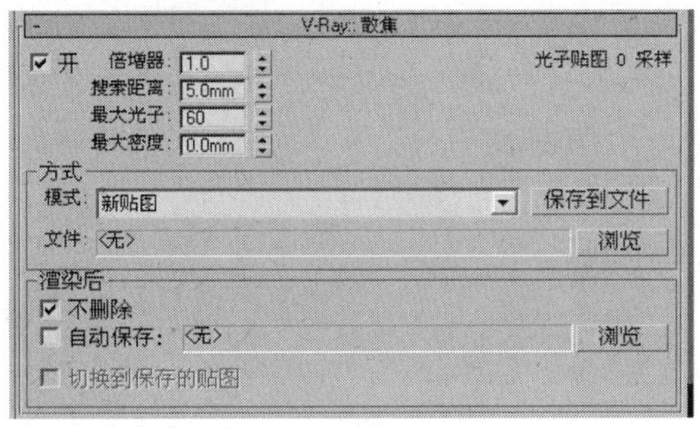

图9-78　Vray：散焦面板

开：打开和关闭散焦。

倍增器：该增效器控制散焦的强度。它是全局的并且应用于所有的产生散焦的光源。如果需要对不同的光源使用不同的增效器，则需要使用局部光源设定。注意，对于使用了局部光源设定增效器的场景，该增效器会对场景中所有增效器的作用进行累积。

搜索距离：当Vray追踪一个撞击在物体面上的光子时，该光影追踪器同时搜索撞击在该面周围面上的光子。

最大光子：当Vray追踪一个撞击在物体面上的光子时，它同时计算其周围区域的光子数量，然后取这些光子对该区域所产生照明的平均值。

方式：此区域内容同发光贴图中的方式区域。

（7）环境面板。

Vray渲染器的“环境”选项是用来指定使用全局照明和反射以及折射时使用的环境颜色和环境贴图，参数面板如图9-79所示。

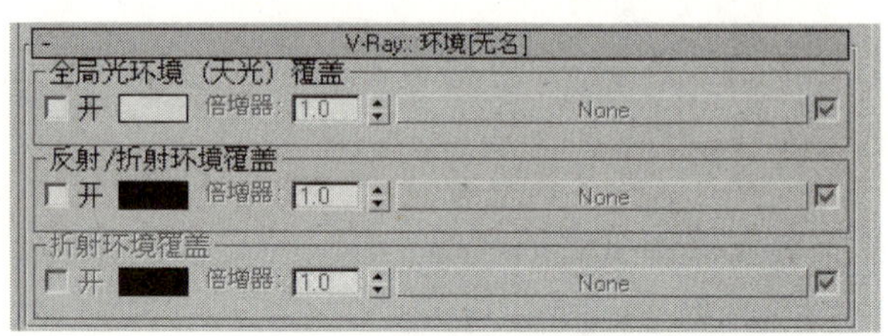

图9-79　Vray：环境面板

全局光环境（天光）覆盖：当该选项选中时，Vray将使用指定的颜色和纹理贴图进行全局照明和反射/折射计算。

颜色：指定背景颜色（天光）。

倍增器：颜色值的倍增器。

贴图按钮：选择用于背景的纹理贴图。

（8）系统面板，如图9-80所示。

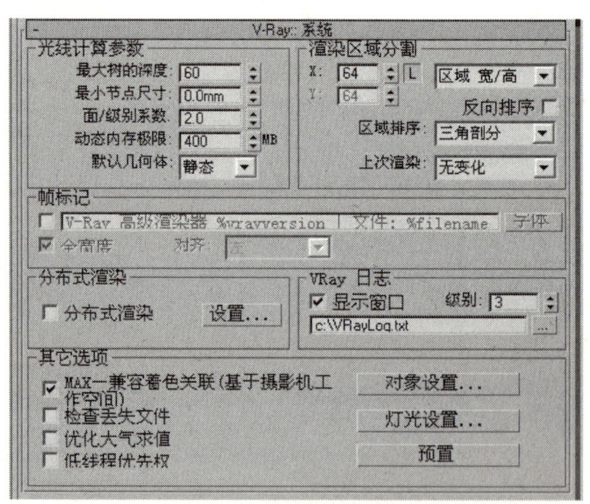

图9-80　Vray：系统面板

1）“光线计算参数”区域：控制Vray的二元空间划分树的各种参数。

最大树的深度：二元空间划分树的最大深度。

最小节点尺寸：叶片绑定框的最小尺寸。小于该值将不会进行进一步细分。

面/级别系数：控制一个面中三角面最大的数量。

2）“渲染区域分割”区域：渲染块是当前所渲染帧中的一个矩形框，它是独立于其他渲染块进行渲染的。渲染块能够被送到局域网中空闲的机器上进行渲染计算处理或者分配给不同的CPU计算。

X：以像素为单位来决定最大渲染块的宽度或者水平方向上的区块数量。

Y：以像素为单位来决定最小渲染块的宽度或者垂直方向上的区块数量。

区域排序：决定渲染区域的排列顺序。

3）“分布式渲染”区域。

分布式渲染：该选项决定Vray是否采用分布式渲染。

设置：该按钮打开分布式渲染设置对话框。

9.3 常见材质参数设置

9.3.1 Vray 材质

Vray材质在加载Vray渲染器后在材质编辑器中可以加载。在使用Vray渲染场景时Vray材质能够获得更加准确的物理照明和更快的渲染，反射和折射参数调节也更为方便。同时，可以应用不同的纹理贴图控制其反射和折射，增加凹凸贴图和置换贴图。在室内设计效果图制作中大大提高了绘图质量和工作效率。

单击材质编辑器中的Standard（标准）按钮，在弹出的对话框中双击VrayMtl即可加载Vray材质。调用后，面板变化成如图9-81所示的形式。

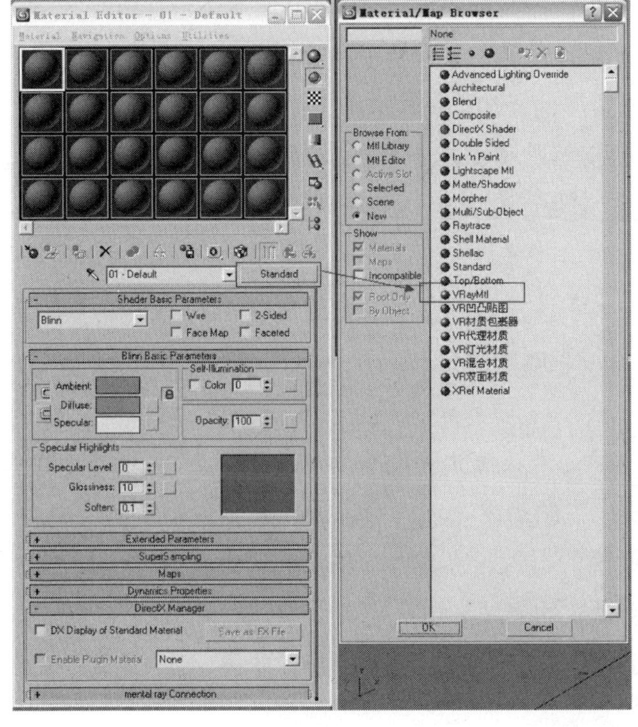

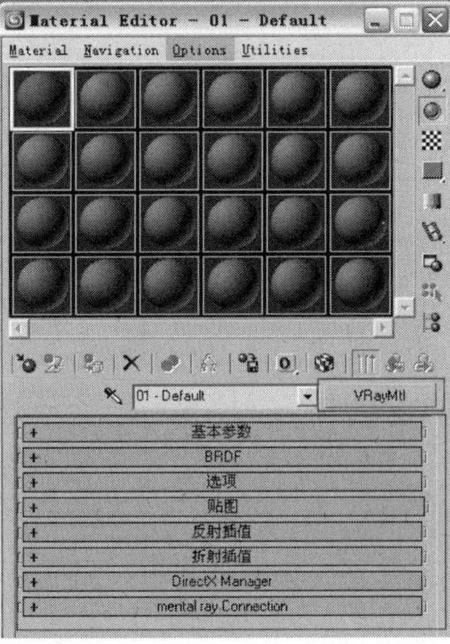

图9-81 Vray材质的调用

（1）基本参数Basic Parameters卷展栏，如图9-82所示。

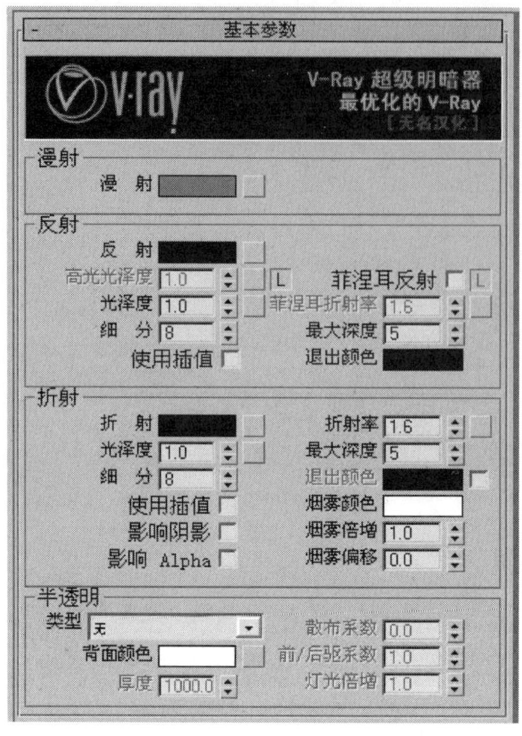

图9-82　Vray材质的基本参数

漫射：物体固有颜色或为物体加载贴图。

反射：调节物体反射周围环境的强度，颜色越浅反射强度越大，还可以单击右侧的按钮加载反射贴图。

反射的光泽度：当该值为0.0时表示特别模糊的反射；当该值为1.0时将关闭材质的光泽度。

细分：控制发射的光线数量来估计光滑面的反射。当该材质的Glossiness（光泽度）值为1.0时，本选项无效（Vray不会发出任何用于估计光滑度的光线）。

菲涅耳反射：当该选项选中时，光线的反射就像真实世界的玻璃反射一样。这意味着当光线和表面法线的夹角接近0时，反射光线将减少至消失（当光线与表面几乎平行时，反射将是可见的，当光线垂直于表面时将几乎没有反射）。

最大深度：贴图的最大光线发射深度。大于该值时贴图将反射回黑色。

折射：颜色越浅折射强度越大，此项也可影响材质的透明度。还可以单击右侧的按钮加载折射贴图。

折射的光泽度：该值表示该材质的光泽度。当该值为0.0时表示特别模糊的折射；当该值为1.0时将关闭材质的光泽度（Vray将产生一种特别尖锐的折射）。注意，提高光泽度将增加渲染时间。

细分：控制发射的光线数量来估计光滑面的折射。当该材质的Glossiness（光泽度）值为1.0时，本选项无效（Vray不会发出任何用于估计光滑度的光线）。

折射率：根据不同是数值可以制造出类似于水、钻石、玻璃的折射效果。

最大深度：贴图的最大光线发射深度。大于该值时贴图将反射回黑色。

（2）贴图卷展栏，如图9-83所示。

-	贴图		
漫 射	100.0	☑	None
反 射	100.0	☑	None
高光光泽	100.0	☑	None
反射光泽	100.0	☑	None
菲涅耳折射	100.0	☑	None
折 射	100.0	☑	None
光泽度	100.0	☑	None
折射率	100.0	☑	None
透 明	100.0	☑	None
凹 凸	30.0	☑	None
置 换	100.0	☑	None
不透明度	100.0	☑	None
环 境		☑	None

图9-83 贴图卷展栏

在Vray材质的这部分，可以设定不同的纹理贴图。对于每个纹理贴图都有一个倍增器、一个选择框和一个按钮。倍增器控制贴图的强度，选择框用于打开或关闭纹理贴图，按钮用于选择纹理贴图。

漫射：用于控制材质纹理贴图的漫射颜色。如果需要一种简单的颜色，不要选择该项，而是在Basic parameters卷展栏中调节漫射。

反射：用于控制材质纹理贴图的反射颜色。如果需要一种简单的颜色，不要选择该项，而是在Basic parameters卷展栏中调节反射。

高光光泽：这里的纹理贴图用于控制其光泽反射的倍增。

反射光泽：用于控制材质纹理贴图的折射颜色。如果需要一种简单的颜色，不要选择该项，而是在Basic parameters卷展栏中调节折射。

光泽度：这里的纹理贴图用于控制其光泽折射的倍增。

凹凸：用于凹凸贴图。凹凸贴图是一种用于模拟物体表面凹凸的贴图，不需要使用实际的凹凸面。

置换：用于使用置换贴图。置换贴图用于修改物体的表面使其看起来粗糙。置换贴图不同于凹凸贴图，它会将物体的表面细分并对顶点进行置换（改变几何体）。它通常比使用凹凸贴图的速度慢。

9.3.2 常用室内设计材质参数

（1）金属效果材质，如图9-84和图9-85所示。

图9-84 不锈钢金属

图9-85 亚光不锈钢金属

不锈钢金属调节参数参考如图9-86所示。

亚光不锈钢调节参数参考如图9-87所示。

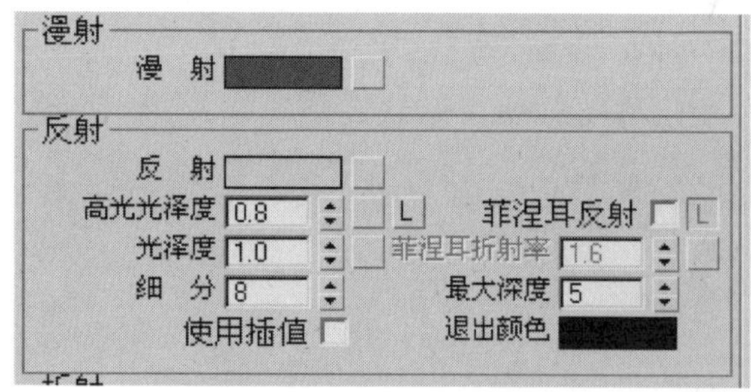

图9-86　不锈钢金属调节参数

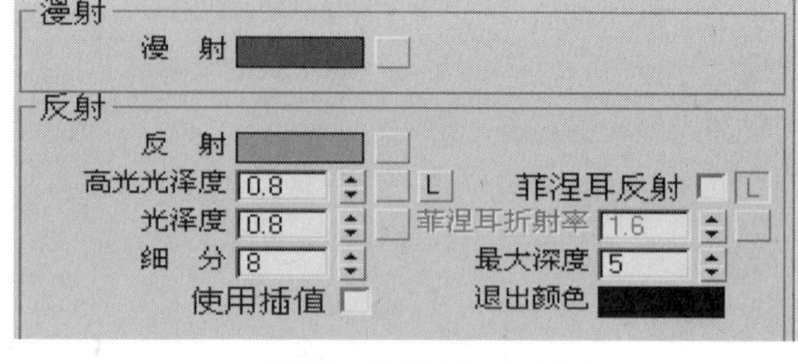

图9-87　亚光不锈钢调节参数

（2）材质，如图9-88所示。

图9-88　玻璃效果

透明玻璃调节参数参考如图9-89所示。

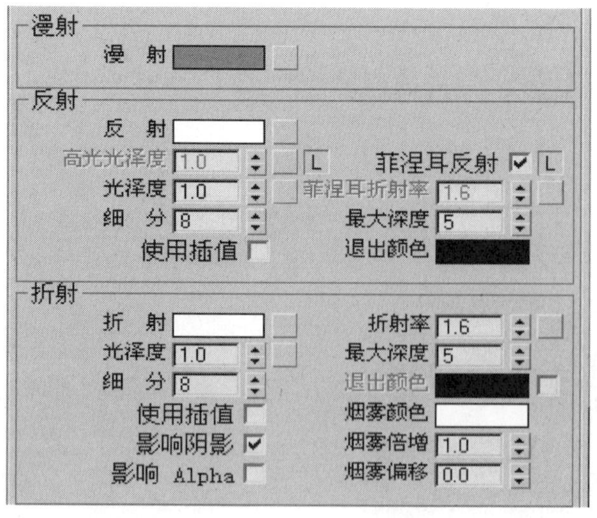

图9-89　透明玻璃调节参数

有色玻璃调节参数参考如图9-90所示。

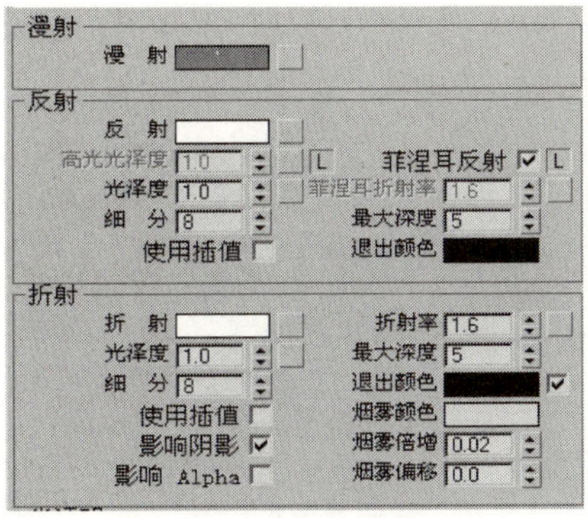

漫射
漫 射
反射
反 射
高光光泽度 1.0 L 菲涅耳反射 ☑ L
光泽度 1.0 菲涅耳折射率 1.6
细 分 8 最大深度 5
使用插值 退出颜色
折射
折 射 折射率 1.6
光泽度 1.0 最大深度 5
细 分 8 退出颜色 ☑
使用插值 烟雾颜色
影响阴影 ☑ 烟雾倍增 0.02
影响 Alpha 烟雾偏移 0.0

图9-90　有色玻璃调节参数

（3）木质地板材质，如图9-91所示。

图9-91　木质地板效果

木质地板调节参数参考如图9-92所示。

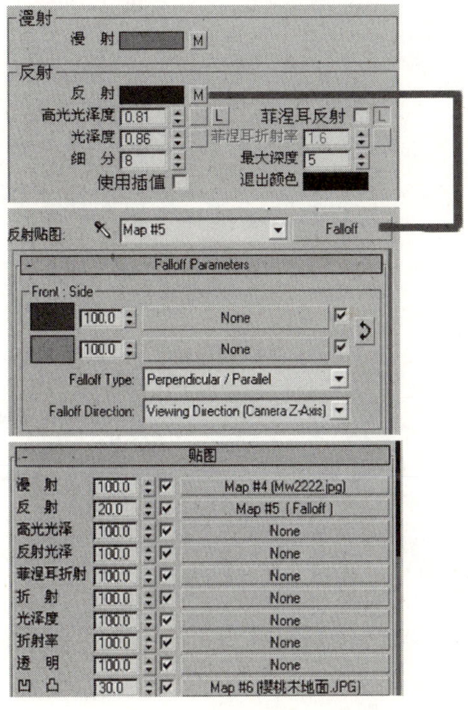

图9-92　木质地板调节参数

（4）地砖材质，如图9-93所示。

图9-93　地砖材质

地砖材质调节参数参考如图9-94所示。

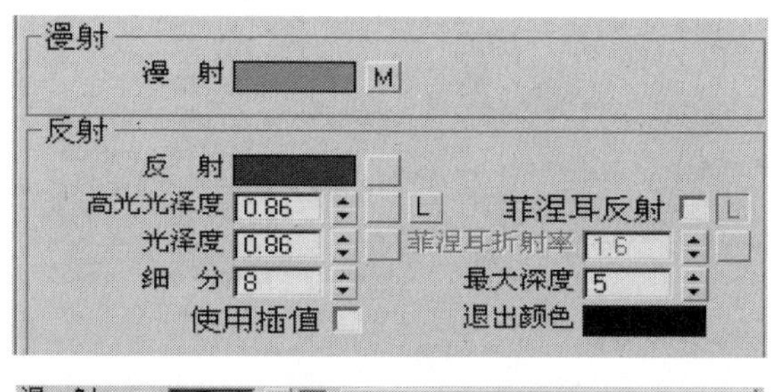

图9-94　地砖调节参数

（5）绒布沙发材质，如图9-95所示。

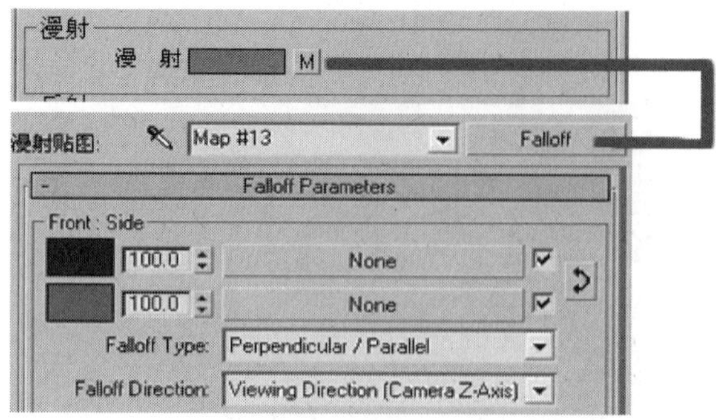

图9-95　绒布沙发材质参数

（6）皮革沙发材质，如图9-96所示。

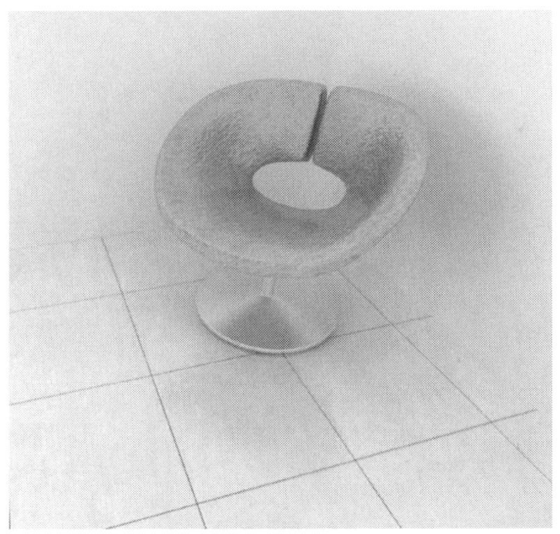

图9-96　皮革沙发材质效果

皮革沙发材质调节参数参考如图9-97所示。

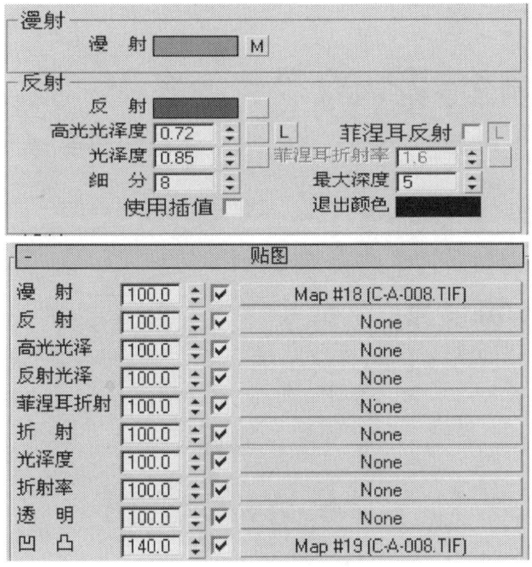

图9-97　皮革沙发材质参数

（7）地毯材质，如图9-98所示。

图9-98　地毯材质效果

地毯材质调节参数参考如图9-99所示。

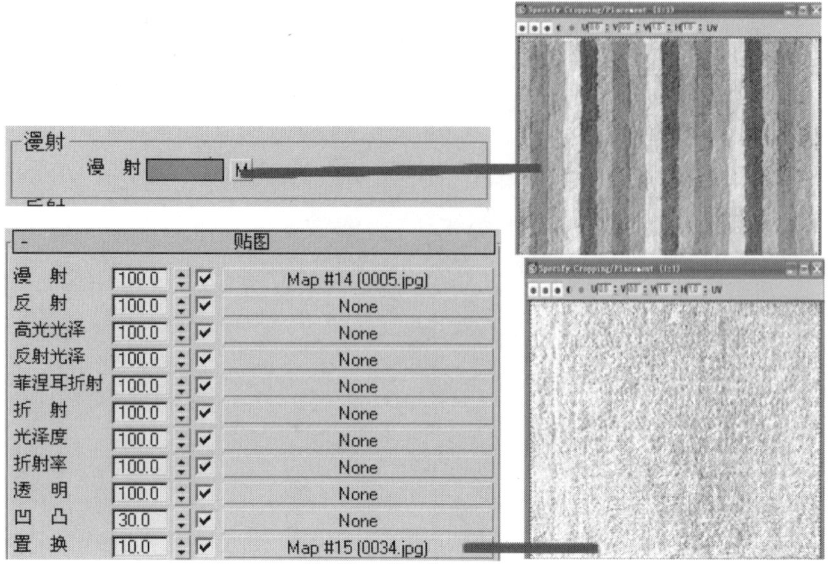

图9-99　地毯材质参数

9.4 常见照明参数设置

9.4.1 Standard（标准）

标准照明按钮及形状如图9-100所示。

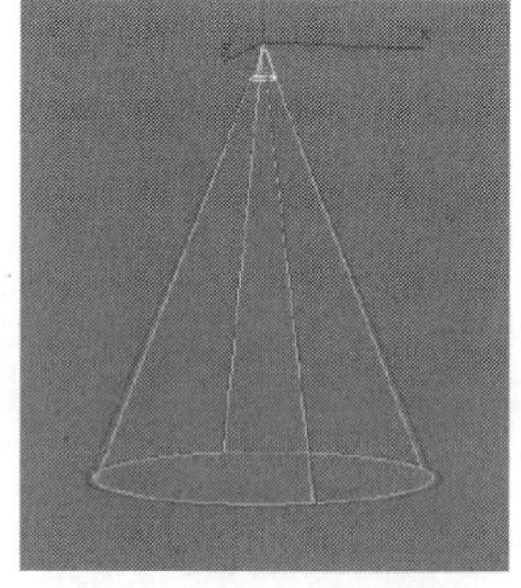

Target Spot（目标聚光灯）

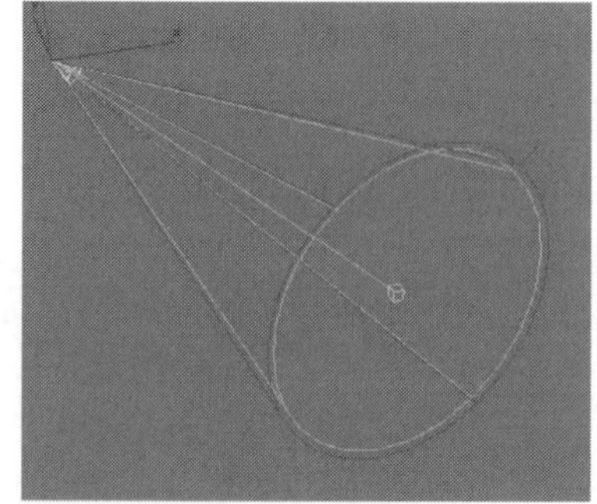

Free Spot（自由聚光灯）

图9-100（一）　标准灯光按钮及形状

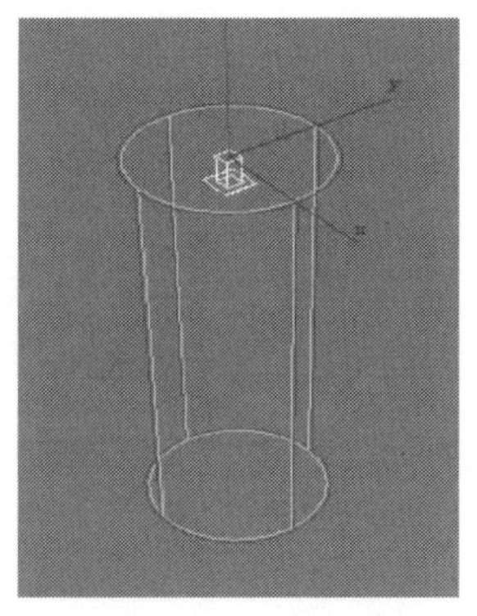

Target Direct（目标平行光）

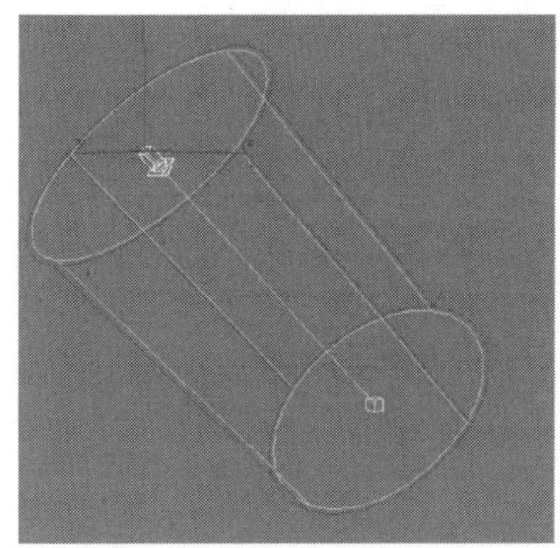

Free Direct（自由平行光）

Omni（泛光灯）

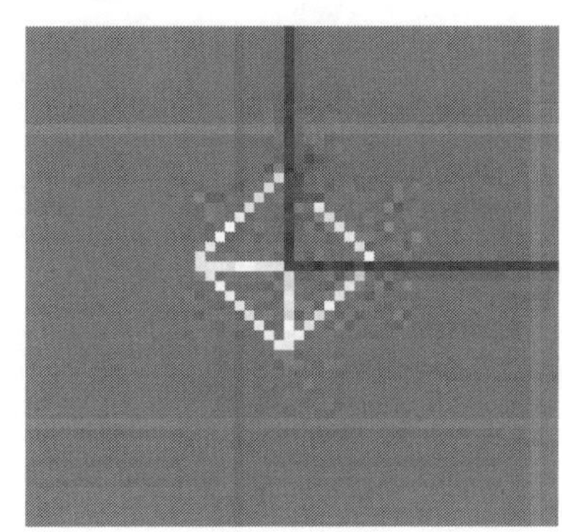

Skylight（天光）

图9-100（二） 标准灯光按钮及形状

9.4.2 Photometric（光度学灯光）

在制作室内设计表现图过程中，光度学灯光可根据真实的光度学值来模拟显示中的灯光效果，可配合Vray渲染器进行设置达到更为真实的灯光效果，通过参数设置可控制灯光的分布方式、颜色、广域网分布从而模拟市场中灯光产品的效果。光度学灯光在室内效果图制作中比较重要的灯光类型如图9-101所示。

Target Point Light（目标点光源）：从一点向四周照射，可模拟电灯泡，有目标点。

Free Point Light（自由点光源）：从一点向四周照射，可模拟电灯泡，无目标点。

Target Linear Light（目标线光源）：从一条线向四周照射，可模拟霓虹灯管，有目标点。

Free Linear Light（自由线光源）：从一点向四周照射，可模拟霓虹灯管，无目标点。

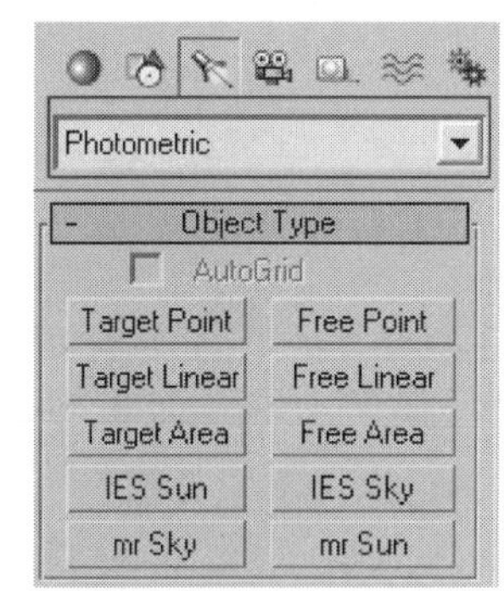

图9-101 光度学灯光按钮

Target Area Light（目标面光源）：从一个面向四周照射，可模拟灯箱，有目标点。

Free Area Light（自由面光源）：从一个面向四周照射，可模拟灯箱，无目标点。

IES Sun Light（IES太阳光）：模拟太阳光照射效果。

IES SkyLight（IES天光）：模拟天空光照射效果。

9.4.3 Vray阳光和Vray灯光

1. VR灯光参数

VR灯光参数如图9-102所示。

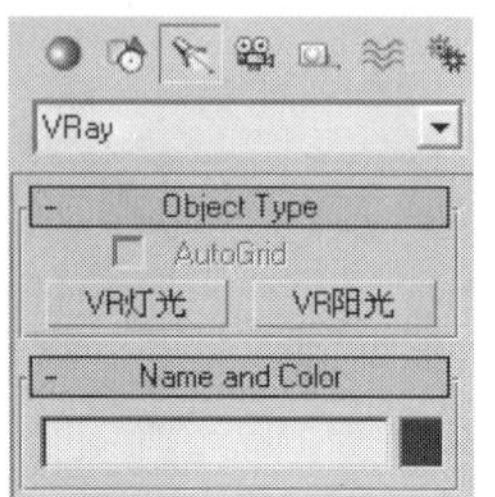

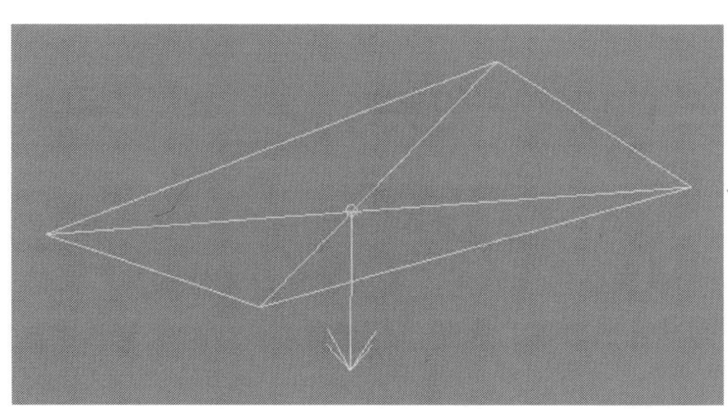

图9-102　VR灯光参数

（1）常规区域。

开：灯光的开关，勾选为开。

排除：排除物体照明。

类型：灯光类型（平面、穹顶、球体）。

（2）强度区域。

单位：通常使用默认单位。

颜色：设置灯光颜色。

倍增器：调节灯光亮度的数值。

（3）尺寸区域。

半长：片光长度的一半。

半宽：片光宽度的一半。

W尺寸：用于BOX灯光类型。

（4）选项区域。

双面：勾选此项灯光双面都产生照明效果。

不可见：勾选此项将不显示灯光本身形状。

忽略灯光法线：勾选此项将不按照光源法线照射。

不衰减：灯光衰减开关。

天光入口：勾选此项将当前灯光转化为天光。

存储发光贴图：将计算后的光照信息存储到发光贴图中。

影响漫射：是否影响物体材质属性的漫反射。

影响镜面：是否影响物体材质属性的高光。

（5）采样：设置灯光照射的细化程度。

2. VR阳光参数

VR阳光参数如图9-103所示。

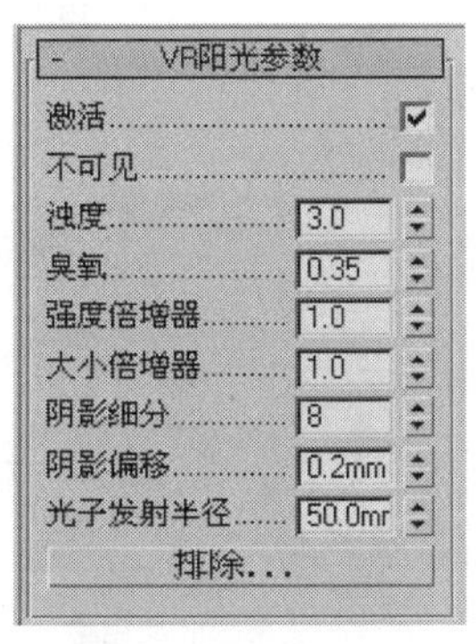

图9-103 VR阳光参数

激活：阳光的开关。

不可见：勾选此项将不显示灯光本身形状。

浊度：空气浑浊度，空气越浑浊，光线颜色越暖（呈现橙色），空气浑浊度越低，光线颜色越冷（呈现蓝色）。

臭氧：值小，光线颜色偏黄；值大，光线颜色偏蓝。

强度倍增器：调节阳光亮度。

大小倍增器：调节太阳本身大小，值越大，阳光照射物体所产生的阴影越模糊。

阴影细分：设置阳光照射的细化程度。

阴影偏移：阴影与被照射物体之间的偏移程度。

光子发射半径：光子发射半径，通常为默认。

排除：排除物体照明。

9.4.4 室内效果图中的光源制作方法

本书采用Vray渲染器制作室内光效，因此首先必须设置前期预览状态的Vray渲染参数，方法如下：

步骤一：加载Vray渲染器（方法参见9.2节）

步骤二：设置预览状态的Vray渲染参数。

在全局开关面板中去掉对“默认灯光”选项的勾选，去掉对“光滑效果”选项的勾选，如图9-104所示。

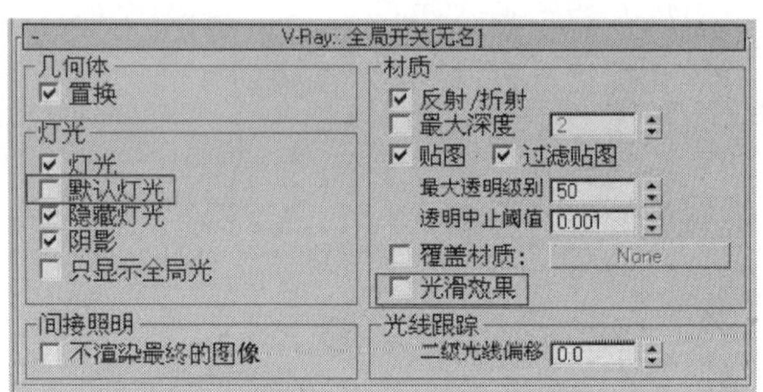

图9-104　全局开关参数

在图像采样（反锯齿）参数中，在“类型”下拉列表框中选择“固定”，在“抗锯齿过滤器”下方去掉对“开”选项的勾选，如图9-105所示。

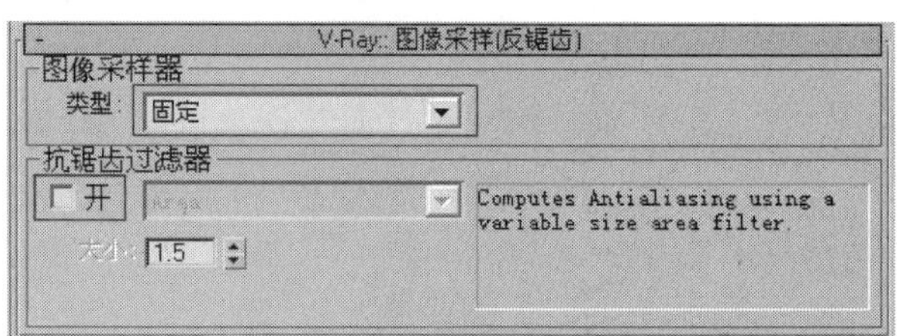

图9-105　图像采样（反锯齿）参数

在“间接照明”参数中勾选“开”复选项，倍增器值为0.7，在“二次反弹”参数中“全局光引擎”选定为“灯光缓冲”，如图9-106所示。

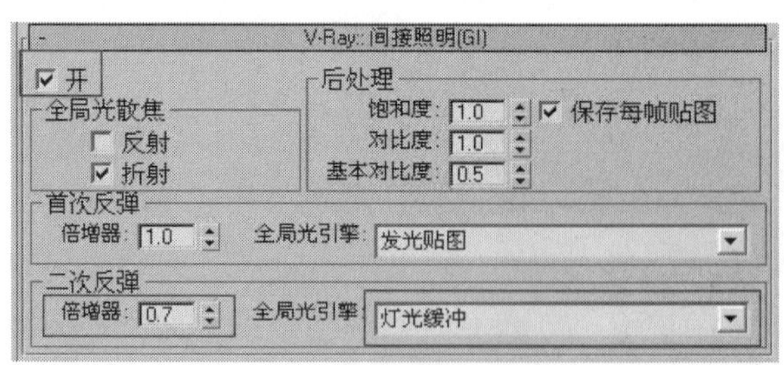

图9-106　间接照明参数

在“发光贴图”参数中将“当前预置”选定为“自定义”，“最小比率”为-4，“最大比率”为-4，“模型细分”为30，“插补采样”为20，勾选右侧的“显示计算状态”和“显示直接光”复选项，其他为默认，如图9-107所示。

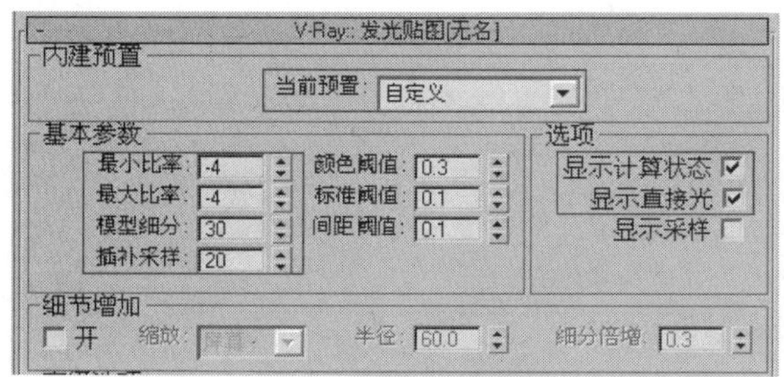

图9-107 发光贴图参数

在“灯光缓冲”参数中，细分值设置为200，如图9-108所示。

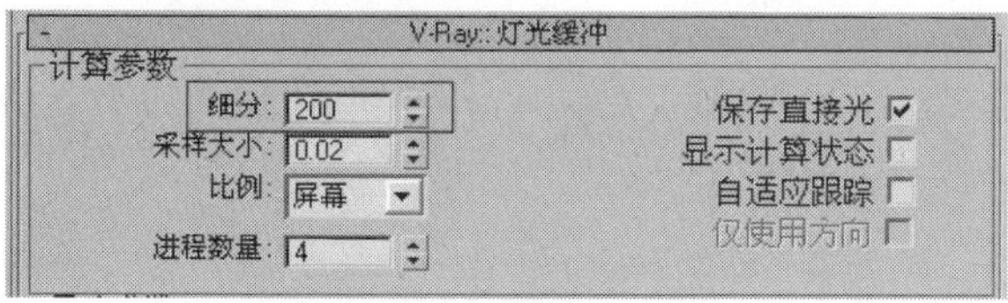

图9-108 灯光缓冲参数

在“颜色映射”参数中，“类型”选定为Reinhard，加深值设置为0.7，如图9-109所示。

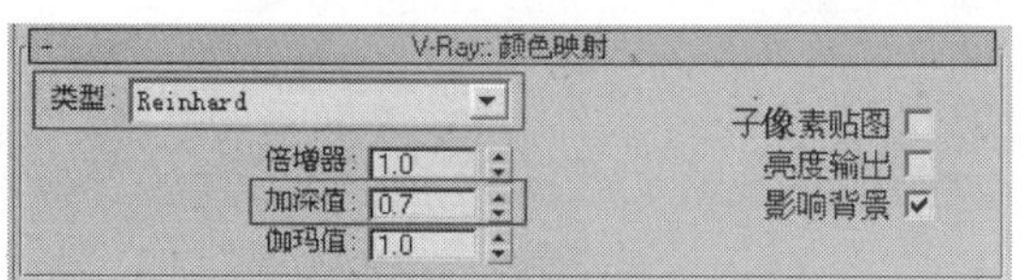

图9-109 颜色映射参数

1. 室内天空光制作方法

步骤一：在原始模型基础上，如图9-110所示，将视图切换到能够显示窗口的视图，激活捕捉命令，创建与窗口等大的VR灯光，并将灯光对齐到窗口外侧，如图9-111和图9-112所示。

图9-110 原始模型

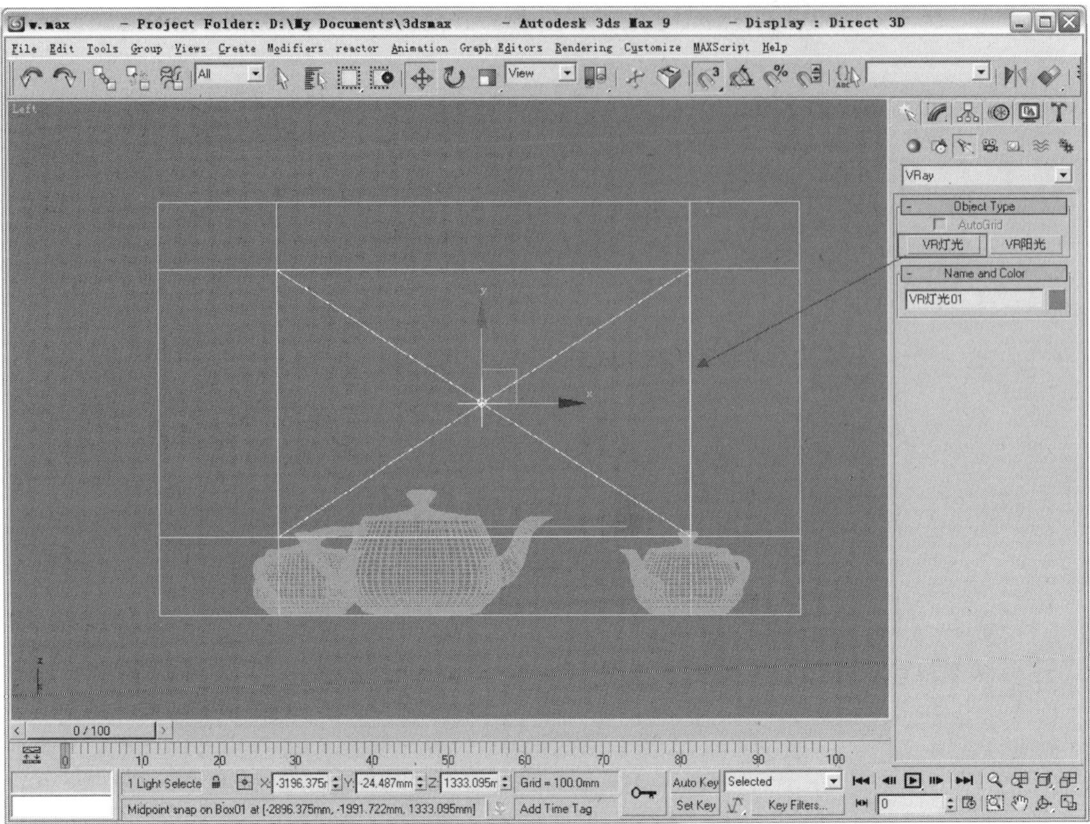

图9-111　创建与窗口等大的VR灯光

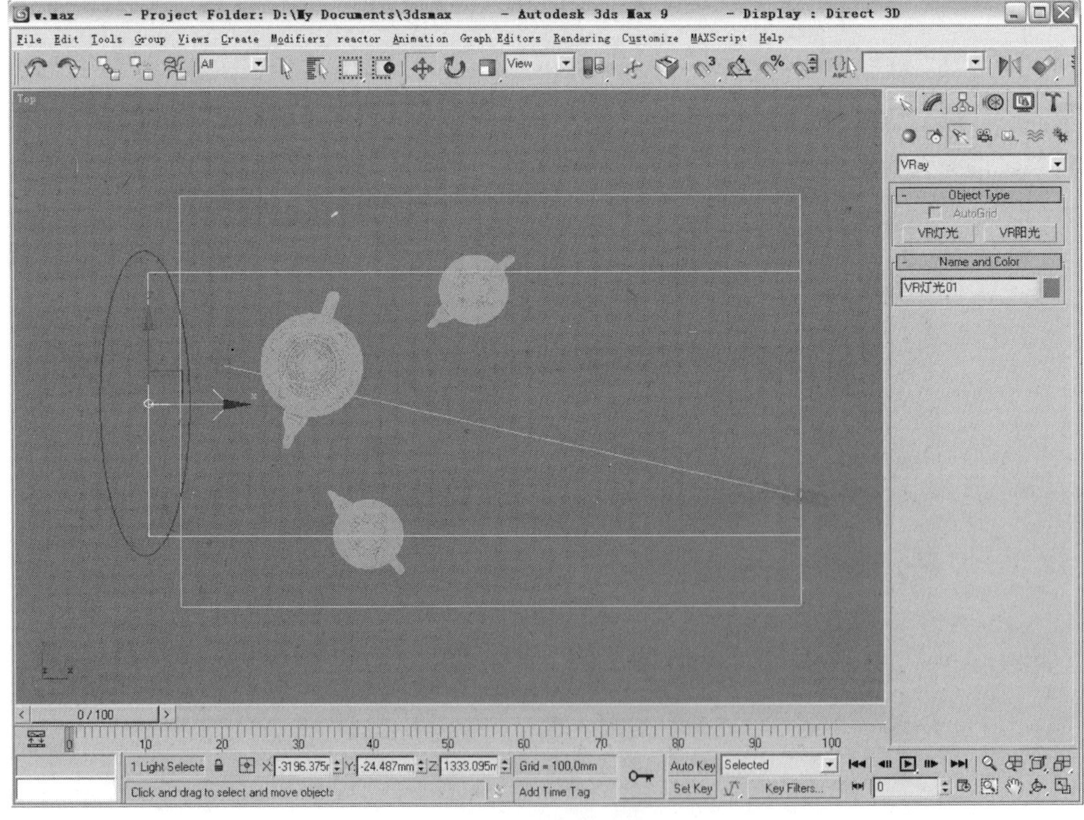

图9-112　灯光顶视图位置

步骤二：设置灯光参数，如图9-113所示。

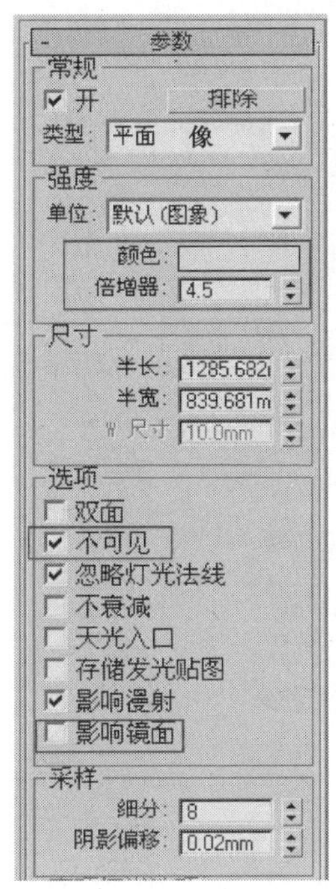

图9-113　灯光参数

步骤三：渲染摄像机视图，效果如图9-114所示。

图9-114　渲染后的物体细节

天空光的环境已经产生，由于是在测试调节阶段，渲染参数的细化值比较低，产生物体细节质量低。最终渲染参数将在10.3节讲解。

2. 室内太阳光制作方法

步骤一：接着上部分内容，继续运用目标平行光来模拟射入室内的太阳光效果，创建基本类型灯光中的目标平行光，并调整太阳位置和照射角度，如图9-115所示。

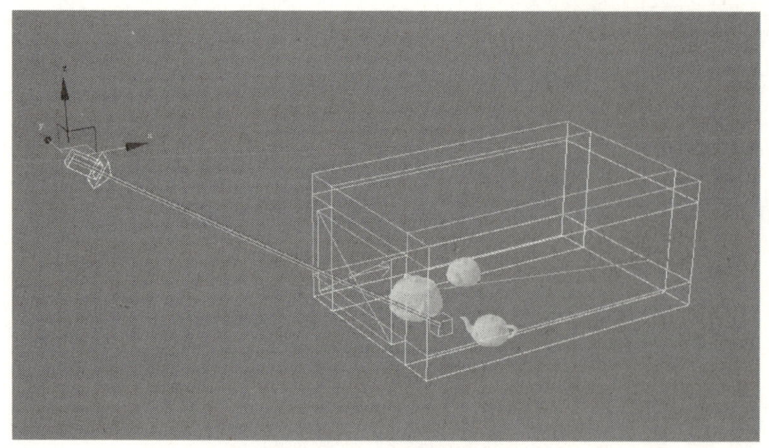

图9-115 调整太阳位置和照射角度

步骤二：调整灯光参数，如图9-116所示。

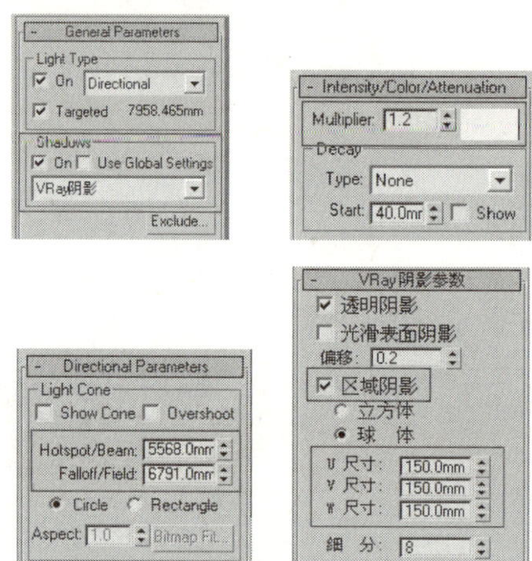

图9-116 灯光参数

注意，光圈大小调整到能够全部包围窗户即可，如图9-117所示。

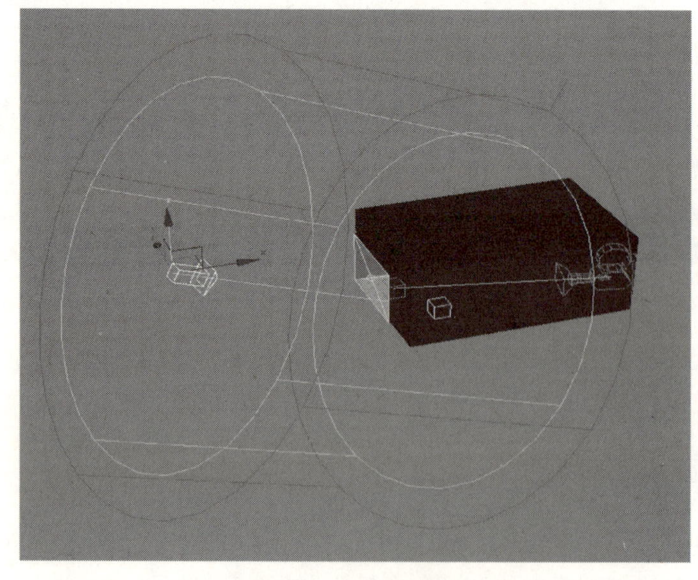

图9-117 光圈大小调整

步骤三：渲染摄像机视图，如图9-118所示。

图9-118　太阳光射入室内效果

3. 室内灯带制作方法

步骤一：在原始模型基础上，如图9-119所示，运用Vray灯光模拟天花上的灯带效果，创建Vray灯光，并调整Vray灯光位置和照射角度，如图9-120和图9-121所示。

图9-119　灯带位置

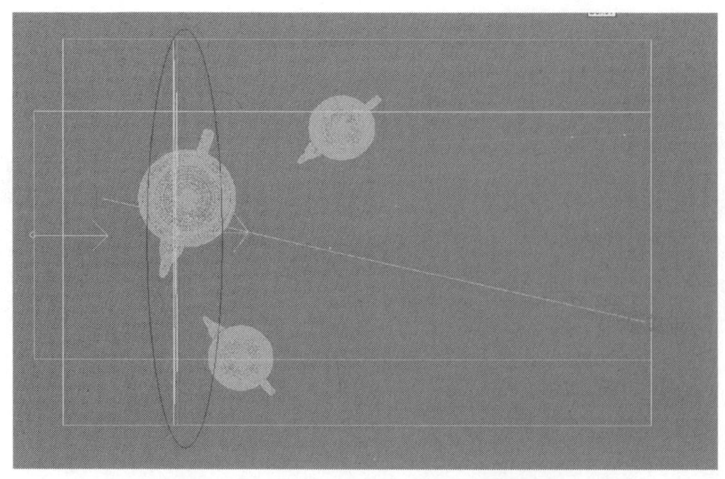

图9-120　运用Vray灯光模拟天花上的灯带效果

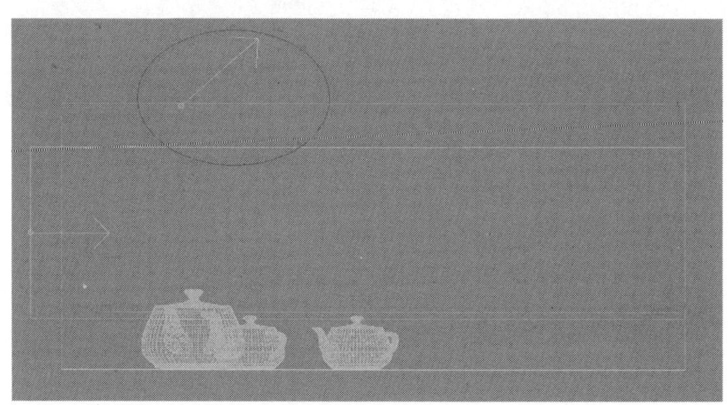

图9-121　灯光照射方向

步骤二：调整灯光参数，如图9-122所示。

步骤三：渲染摄像机视图，效果如图9-123所示。

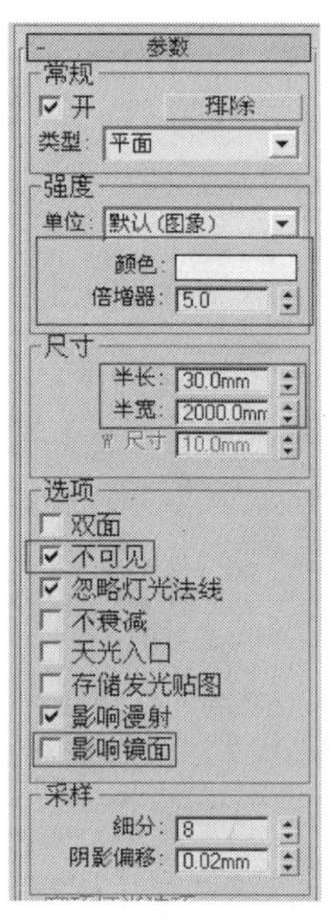

图9-122　灯光参数设置

图9-123　灯带渲染效果

4. 室内筒灯制作方法

步骤一：运用光度学灯光中的目标点光源模拟筒灯效果，创建光度学灯光中的目标点光源，并调整光源位置和照射角度，如图9-124所示。

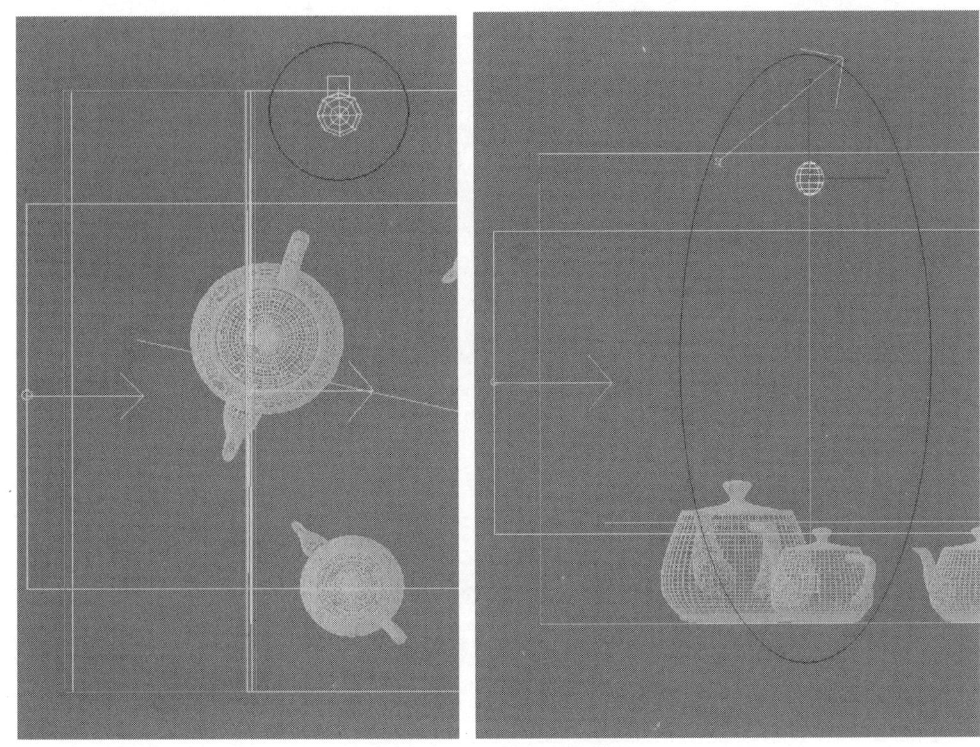

图9-124　筒灯位置及照射方向

步骤二：调整灯光参数，如图9-125所示。

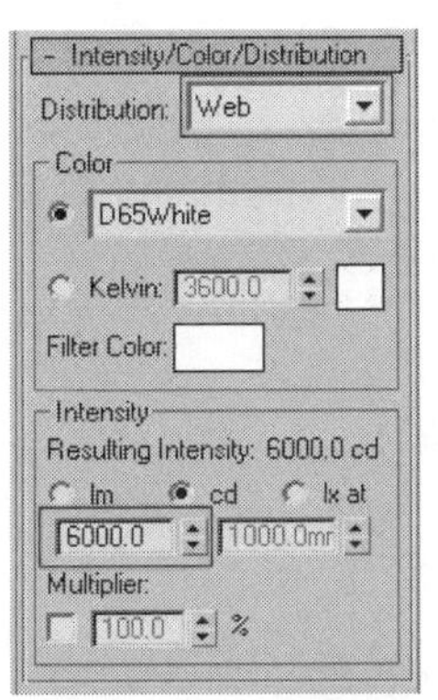

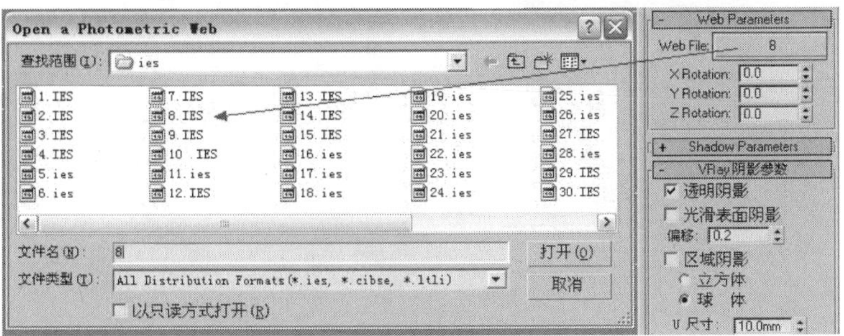

图9-125　筒灯参数及广域网调用

步骤三：渲染摄像机视图，效果如图9-126所示。

图9-126　筒灯渲染效果

本章小结

本章主要是从室内效果图表现的主要辅助软件展开的，对3ds max 8和Vray在室内设计效果图制作中的常见命令与运用进行介绍，内容包括3ds max建模命令、Vray渲染器基本命令及其使用方法、Vray材质及照明的使用方法。

思考与练习题

1. 结合室内效果图计算机表现的工具，选择室内空间局部进行效果图表现练习。

2. 以本章所讲的室内效果图计算机表现工具为手段，创作一幅室内效果图，突出不同材质的特点。

3. 通过几种不同的照明工具，分别选择一处室内空间的整体或局部进行计算机效果图表现，突出不同照明工具的特点。

第10章 个案分析——税务局办公大厅室内设计

税务局办公大厅室内设计效果图如图10-1所示。

图10-1　税务局办公大厅室内设计效果图

10.1　建模部分

在室内效果图制作中，建模的步骤大体分为：①建筑原有构件建模；②设计造型建模；③家具及配饰灯具调入。任何模型的创建都会有很多实现的途径，我们应通过训练和工作的积累总结出最快捷高效的建模方法，并且应注意模型的整齐与简洁从而节省渲染计算时间，如图10-2所示。

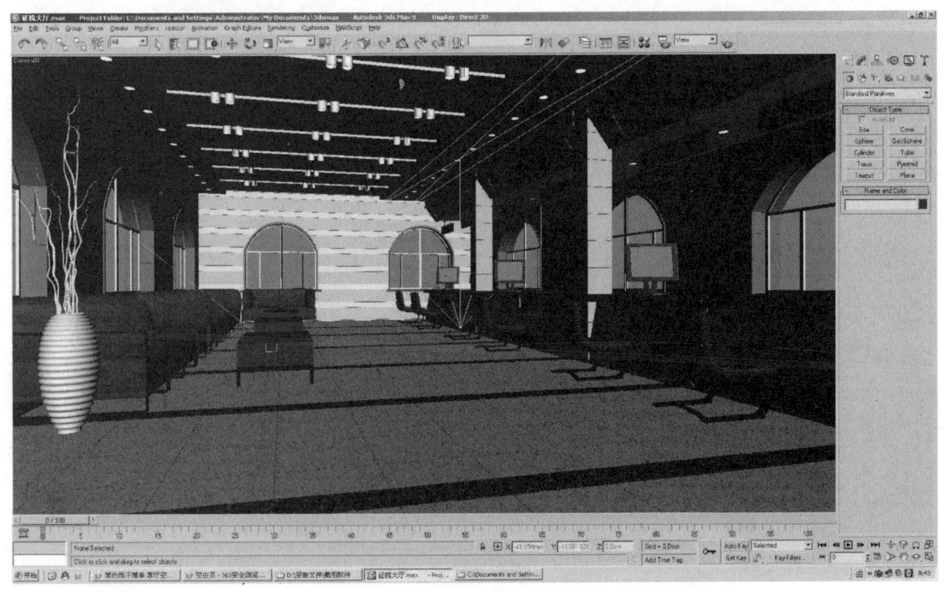

图10-2　整体模型

10.1.1 建筑原有构件建模

建筑原有构件模型如图10-3所示。

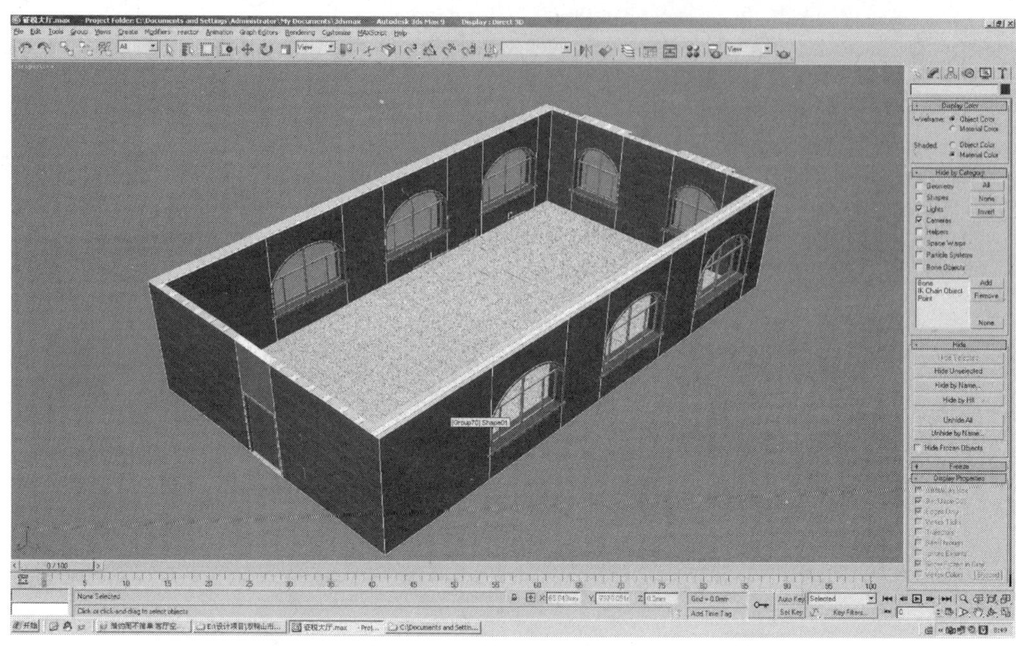

图10-3 建筑原有构件模型

（1）使用直线命令绘制墙体轮廓并按照实际高度对其加入“挤出”命令，形成墙体模型，如图10-4所示。

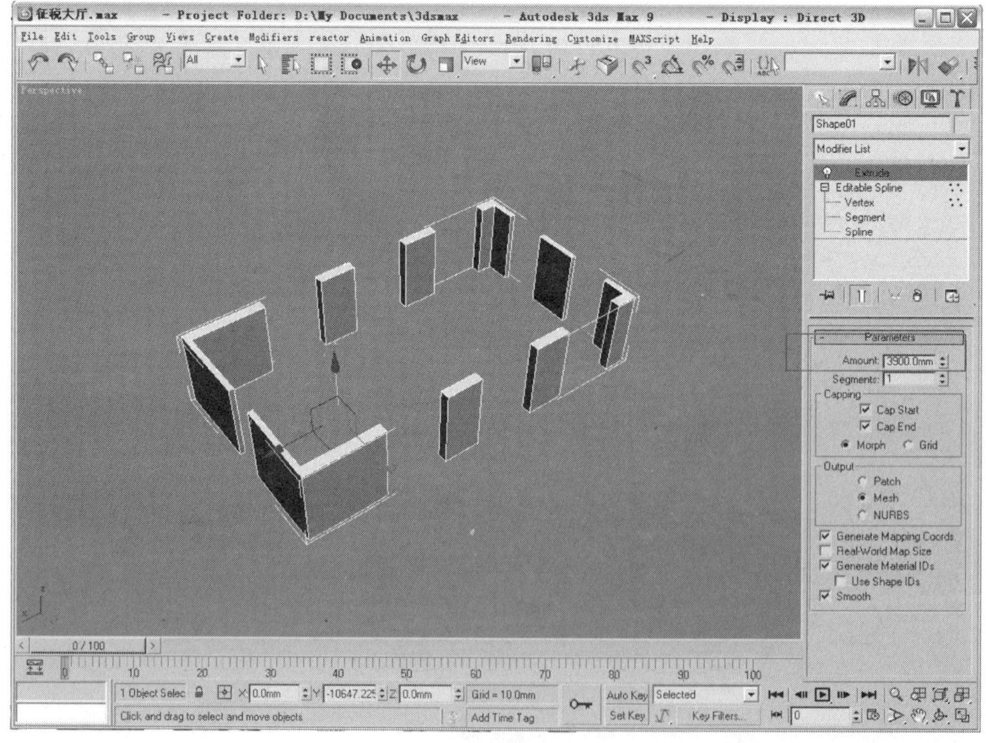

图10-4 绘制墙体

（2）运用矩形与圆形的布尔运算绘制拱形窗口上方部分的形状，并运用“挤出”命令为其增加墙体厚度，运用BOX命令创建下方窗台部分；然后运用复制操作制作出其他窗口，如图10-5所示。

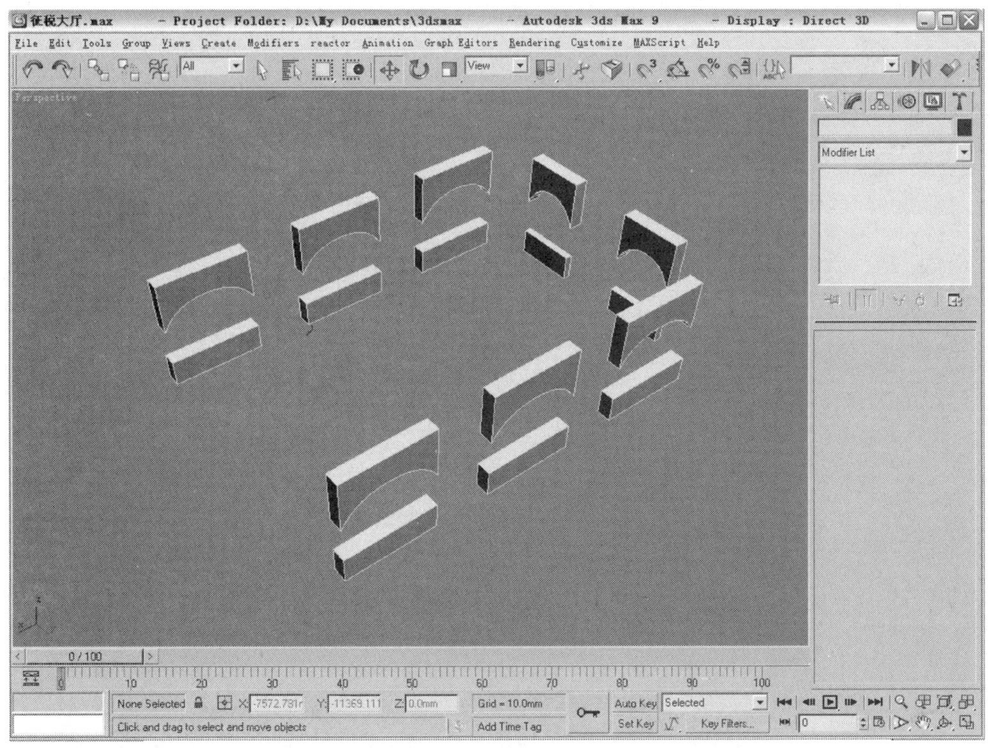

图10-5 绘制窗口模型

（3）运用绘制直线并修改命令绘制窗模型，如图10-6所示。

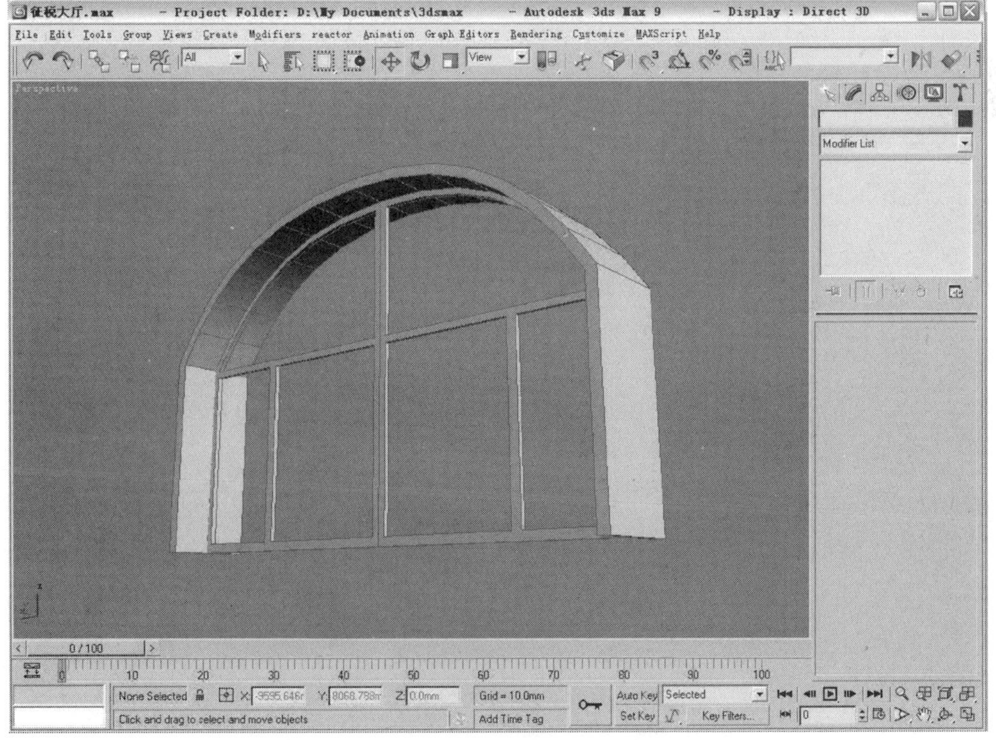

图10-6 绘制窗模型

（4）运用BOX命令绘制地面及其他构件，如图10-7所示。

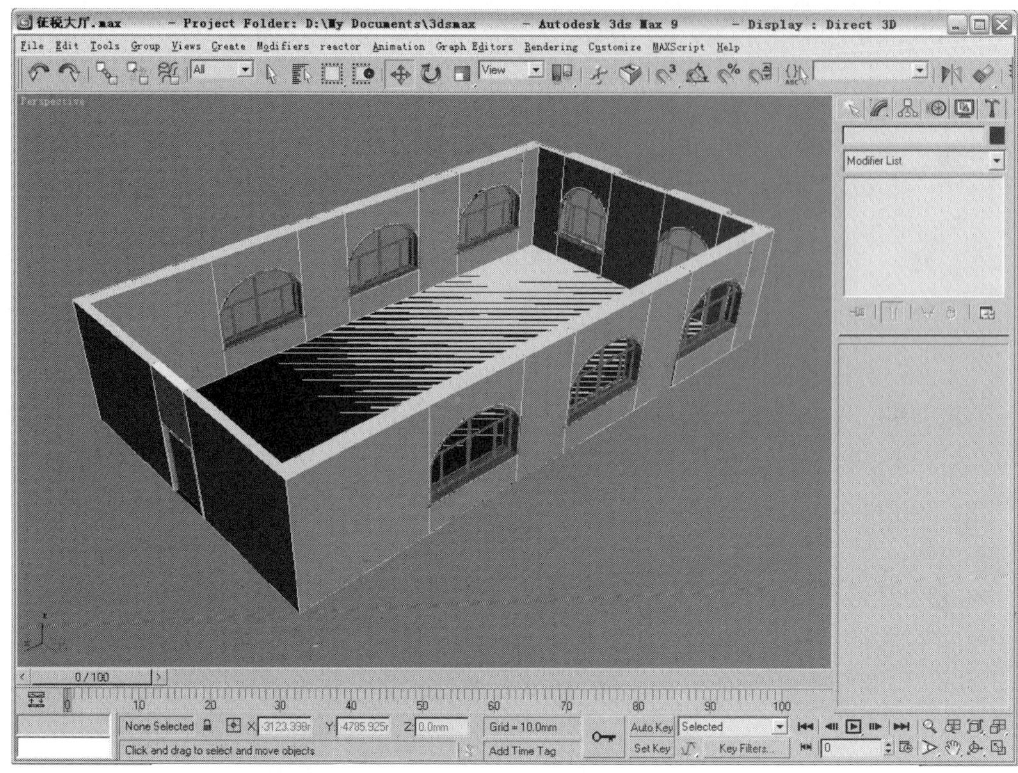

图10-7　地面及其他构件模型

10.1.2　设计造型建模

（1）服务台设计建模，如图10-8至图10-11所示。

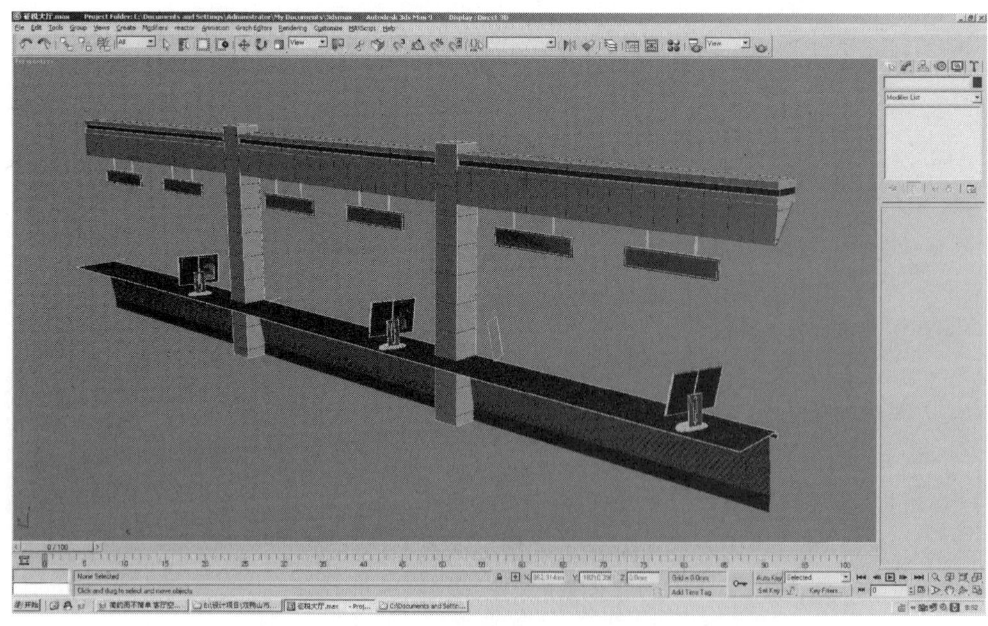

图10-8　服务台模型

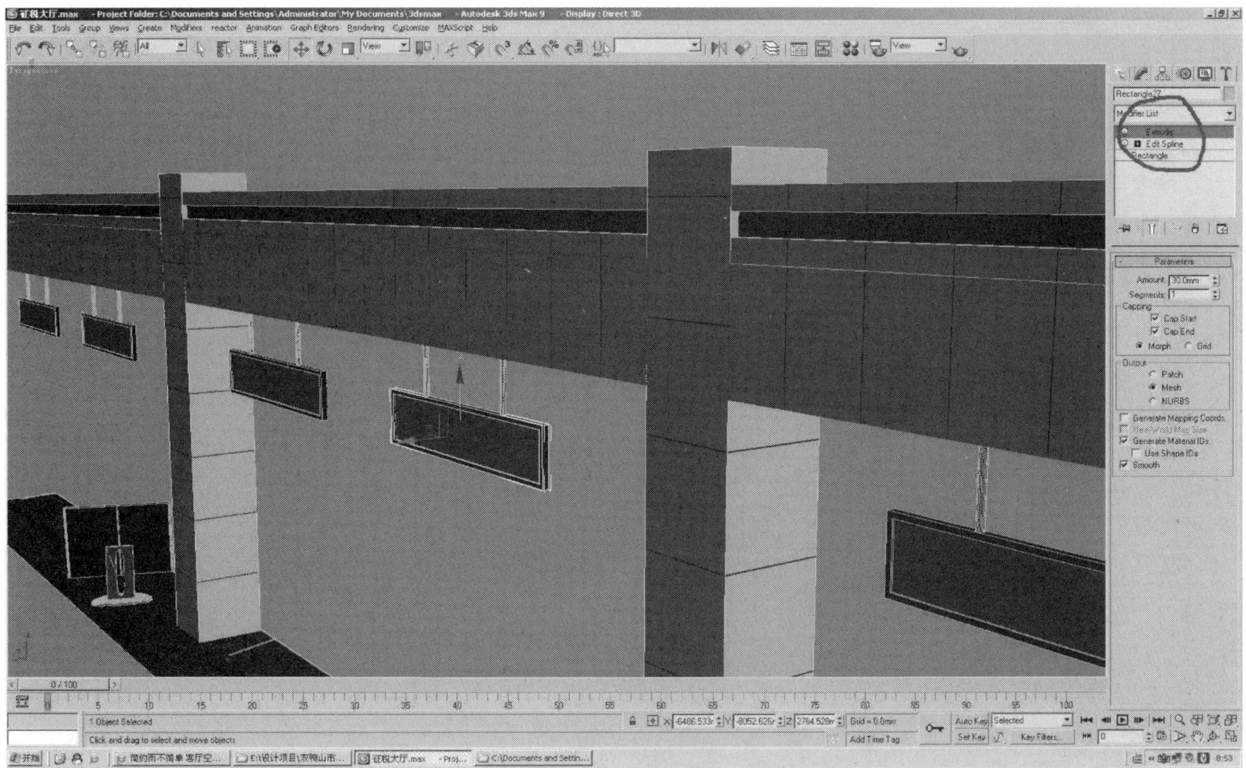

图10-9 LED显示屏

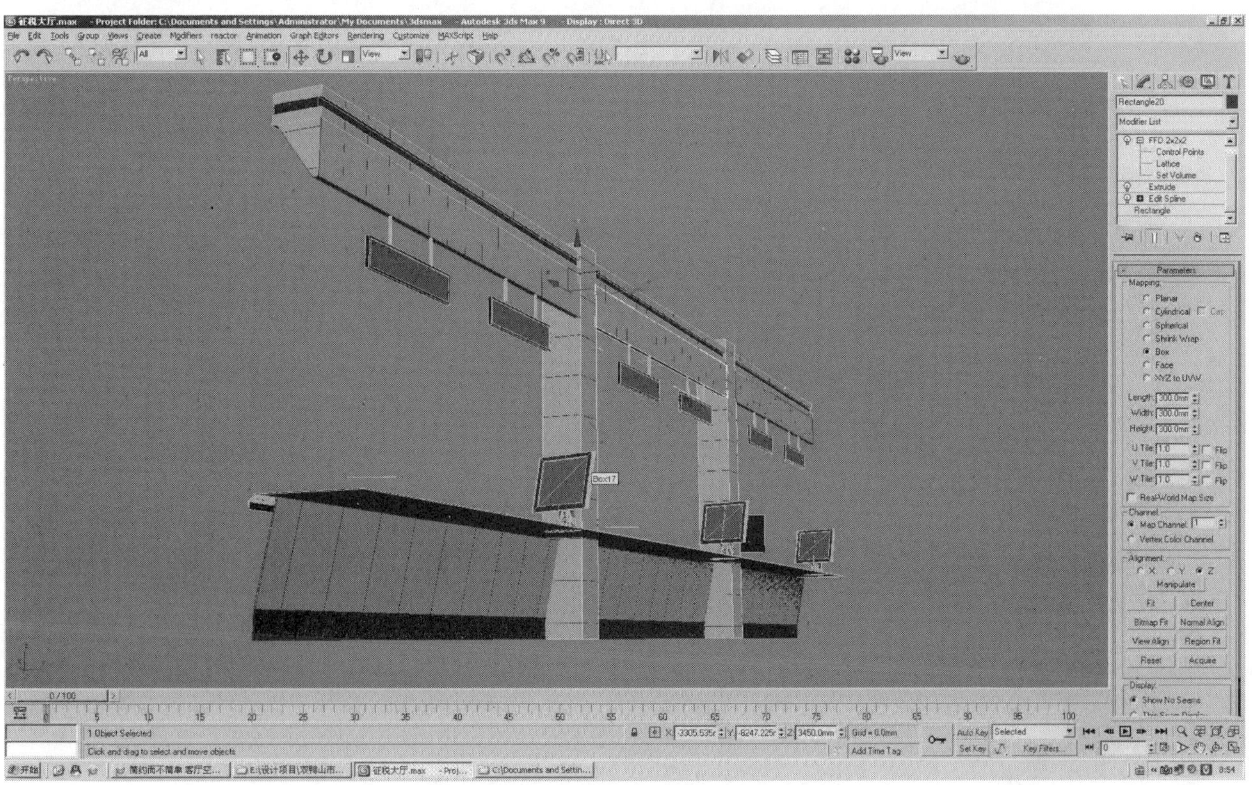

图10-10 调入计算机模型并放置于服务台上

图10-11　将模型放入室内

（2）吊顶设计建模，如图10-12至图10-15所示。

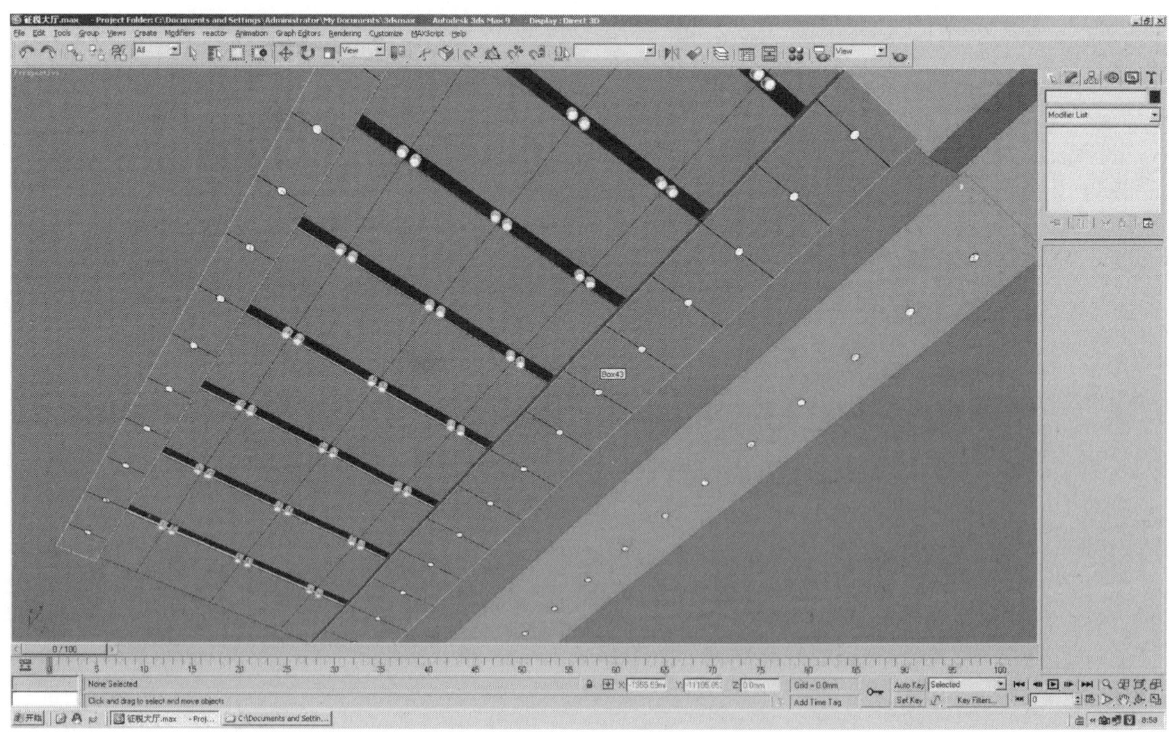

图10-12　吊顶模型

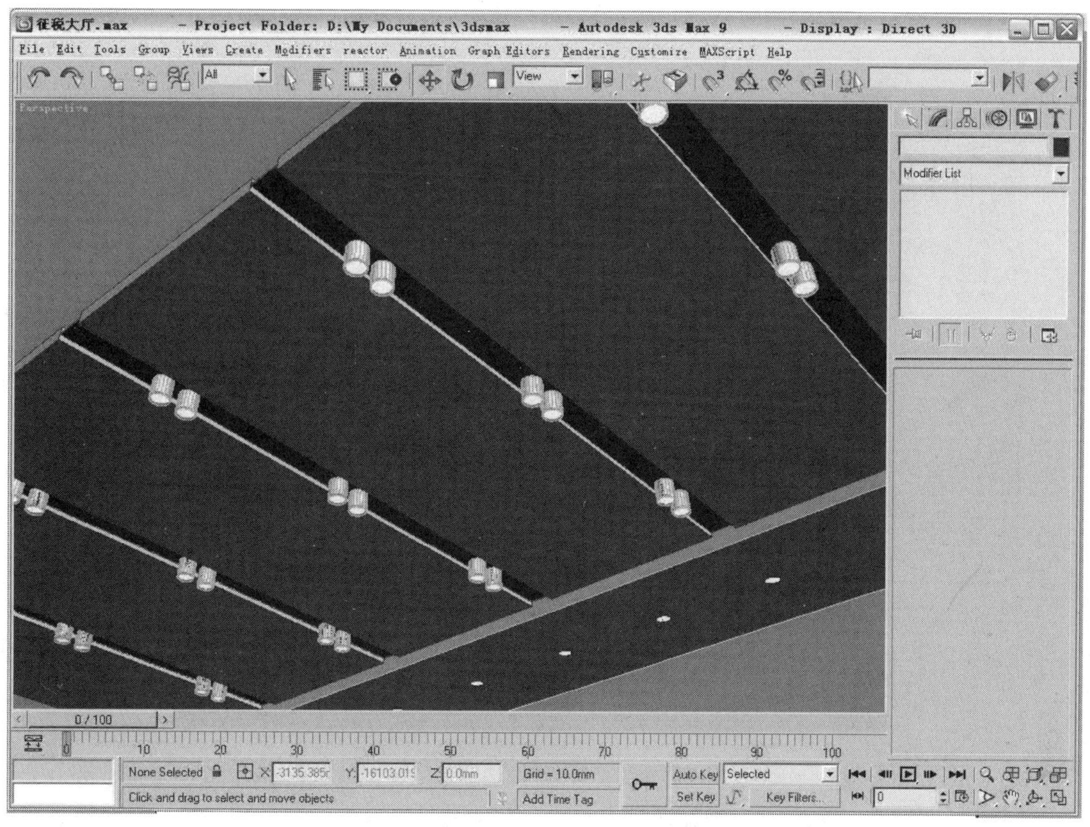

图10-13　筒灯模型位置

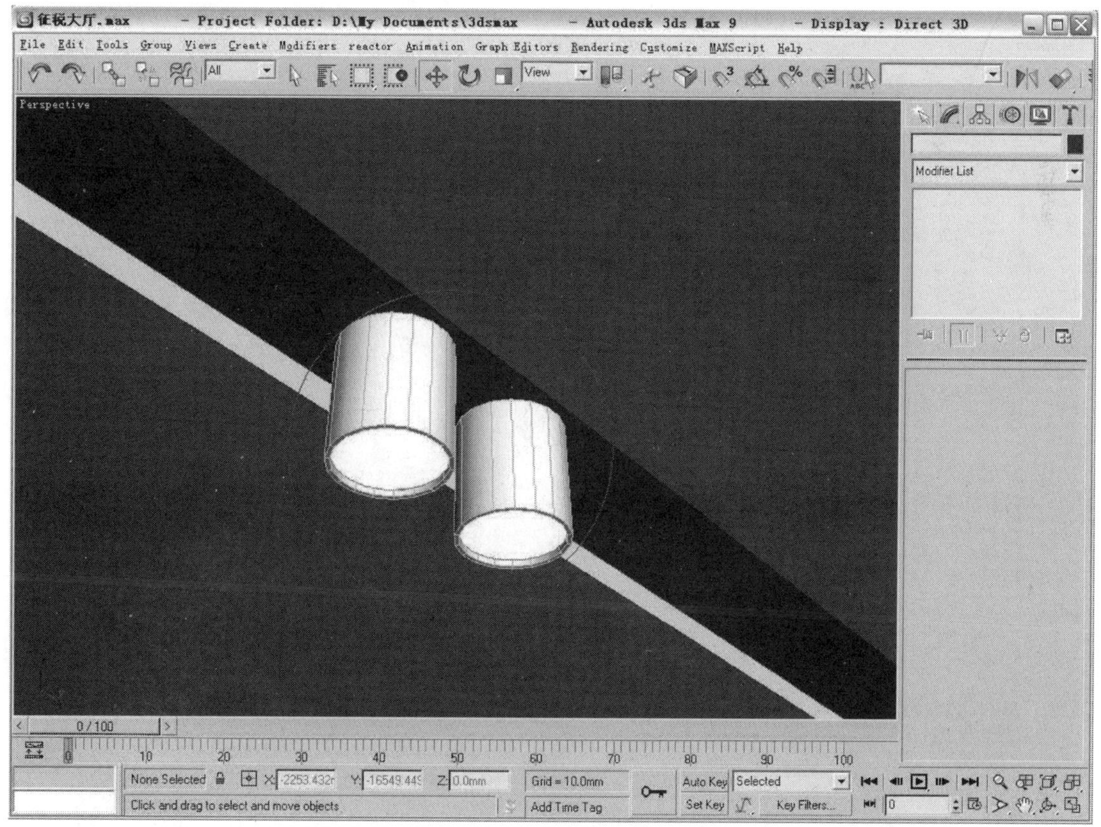

图10-14　明装筒灯细节

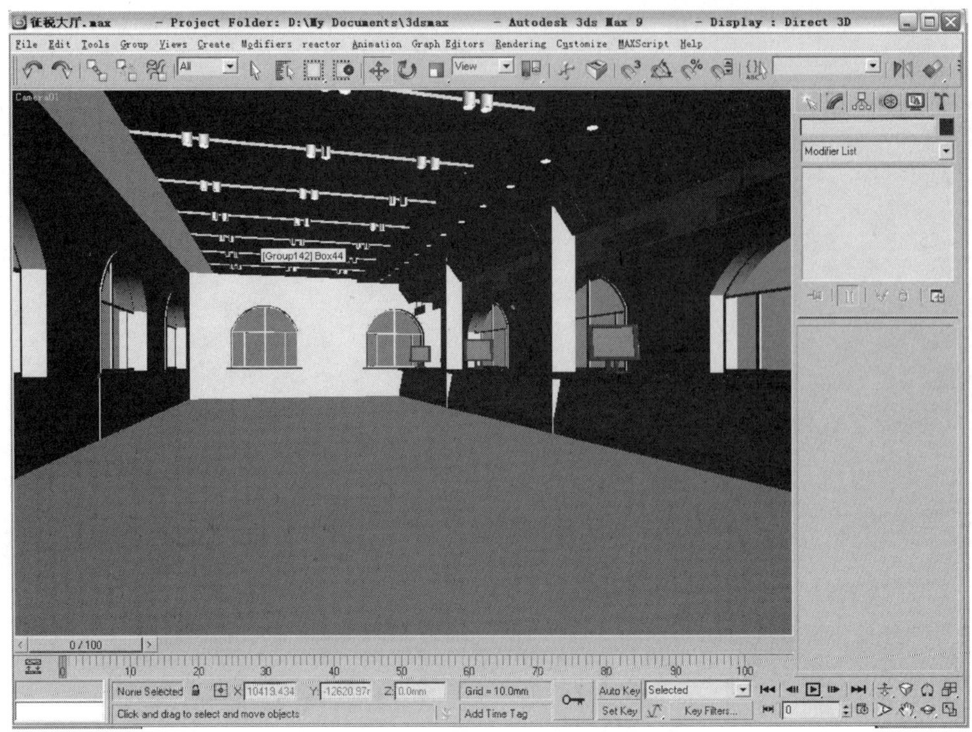

图10-15　将吊顶放置于适当位置

10.1.3　家具及配饰灯具调入

沙发及配饰的调入如图10-16至图10-20所示。

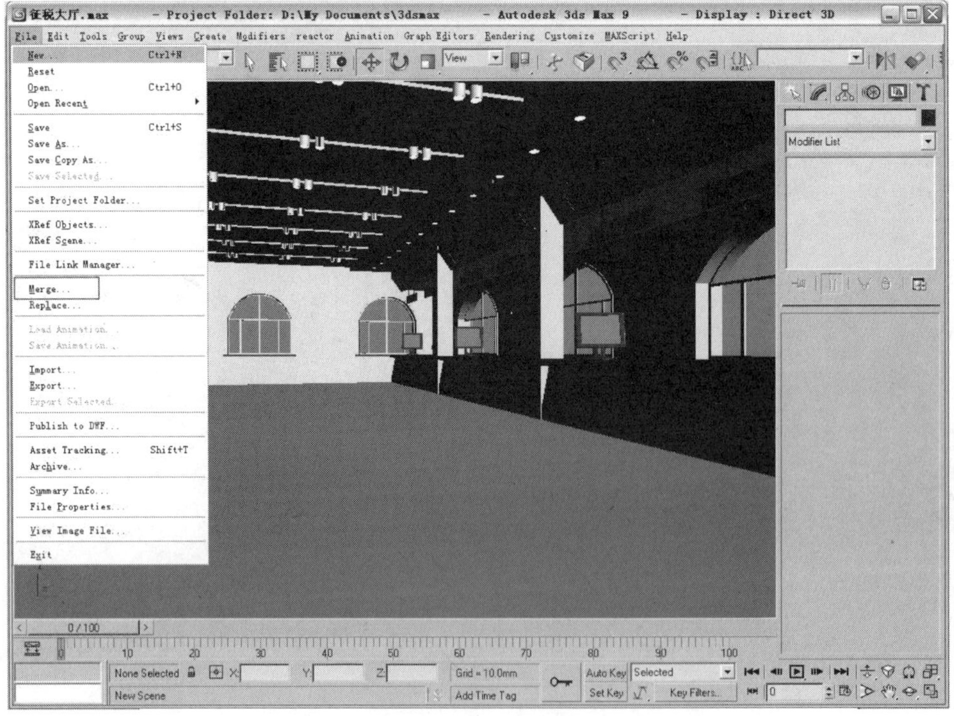

图10-16　导入沙发模型

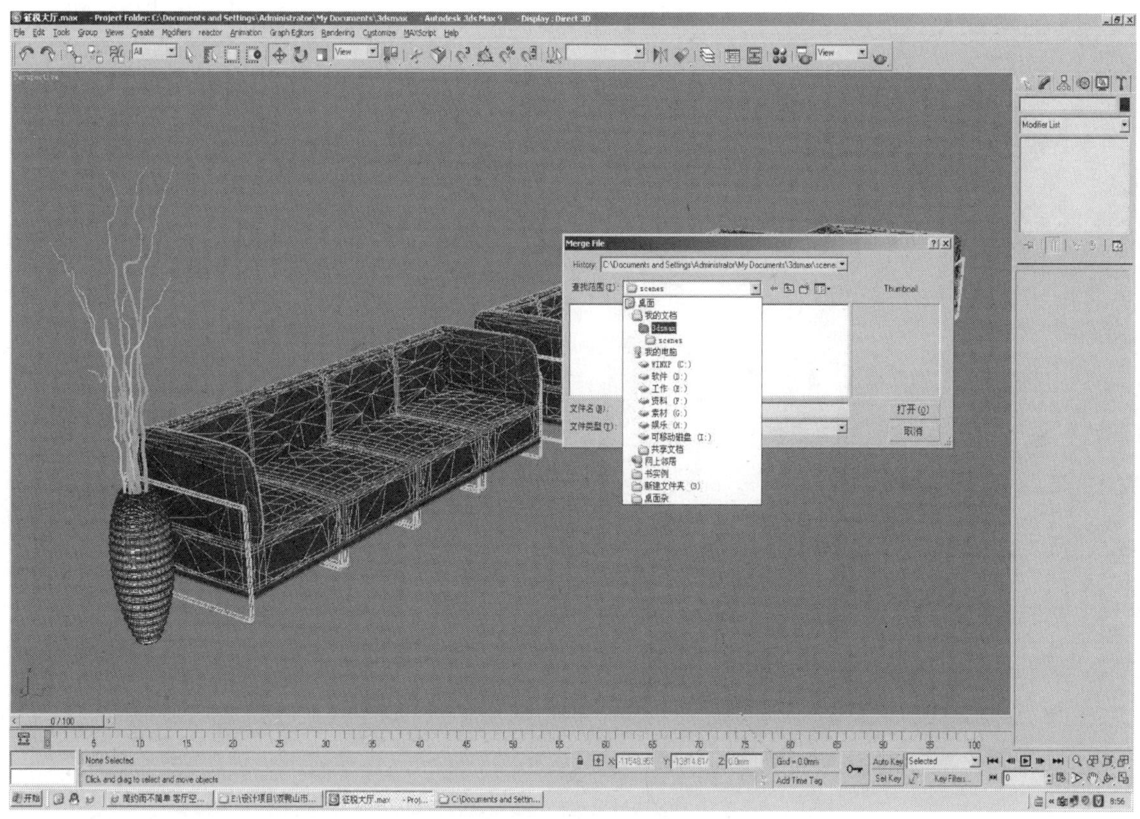

图10-17 查找模型

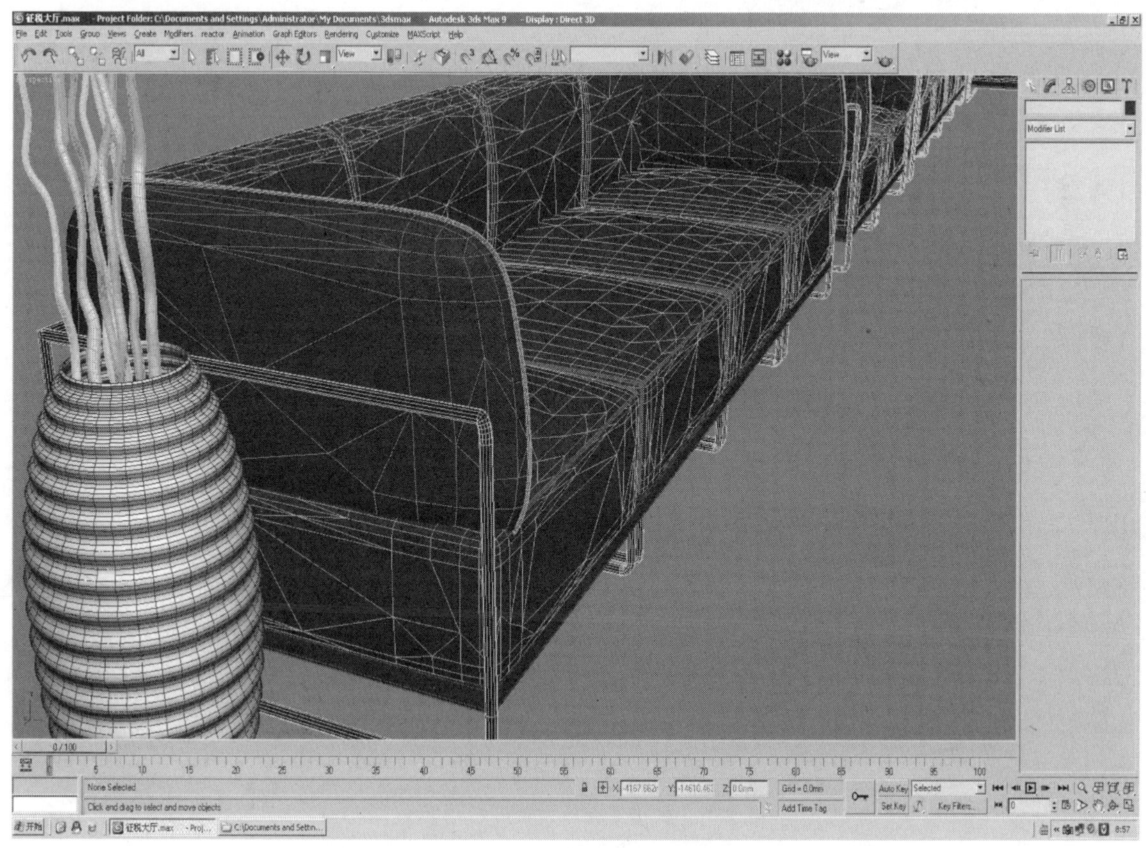

图10-18 为导入的模型赋予材质

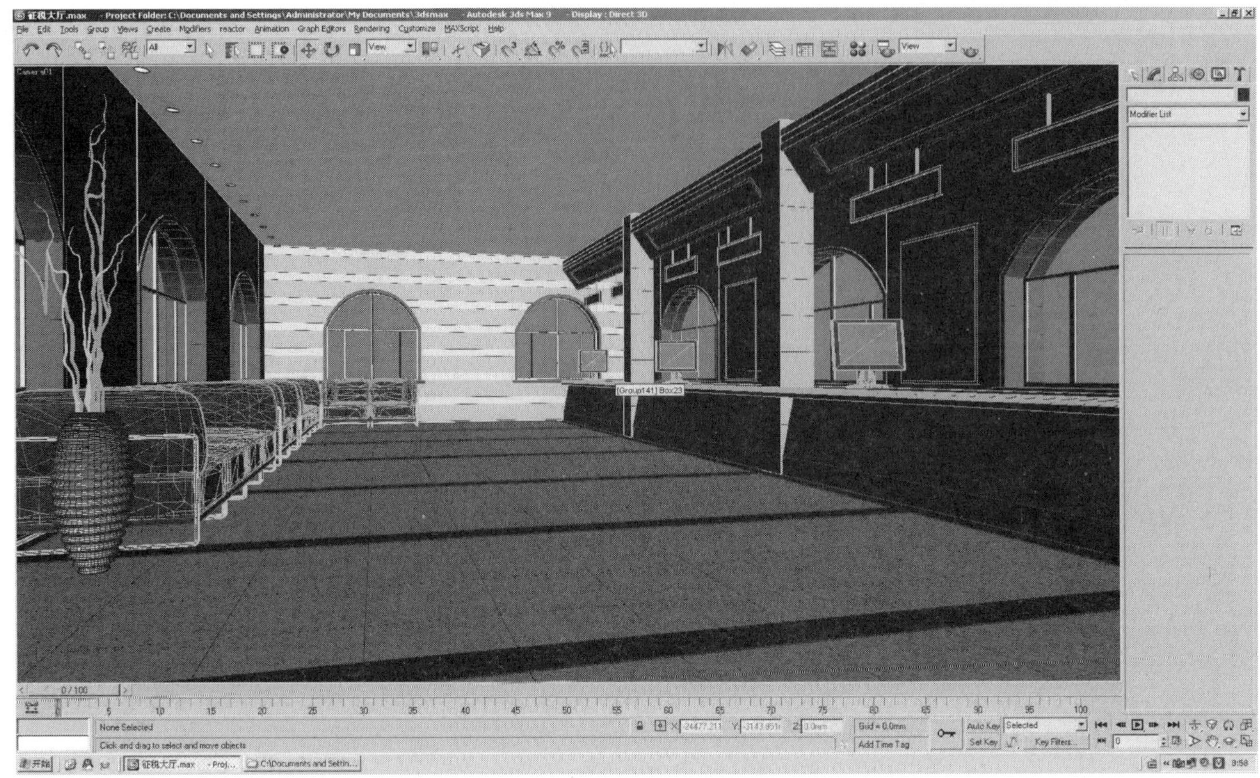

图10-19　将沙发模型放置于适当位置

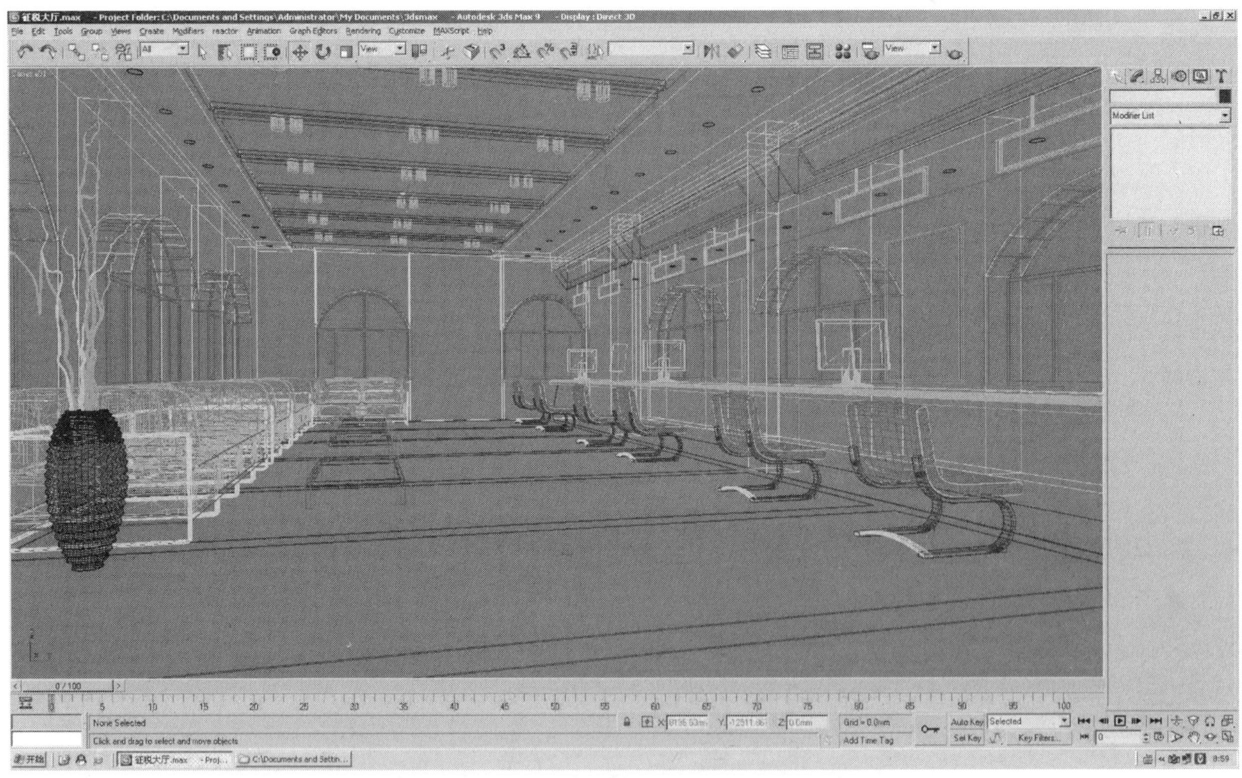

图10-20　整体模型现况效果

10.2 灯光材质部分

10.2.1 灯光部分

具体问题具体分析，案例的补光方式只是其中的一种方式，供同学们参考，如图10-21所示。

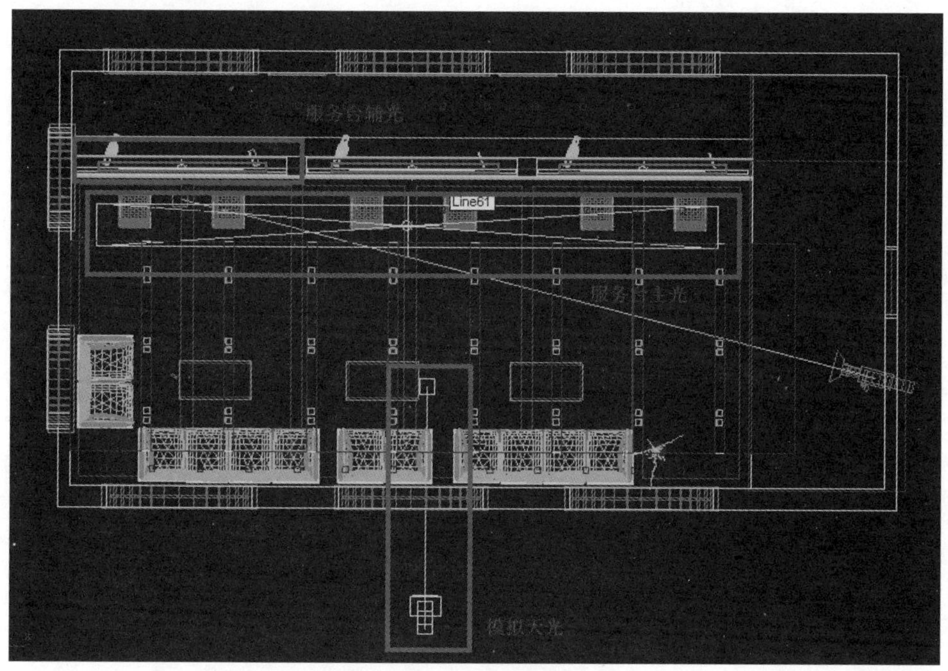

图10-21 灯光位置参考

（1）模拟天光设置参数参考，如图10-22所示。

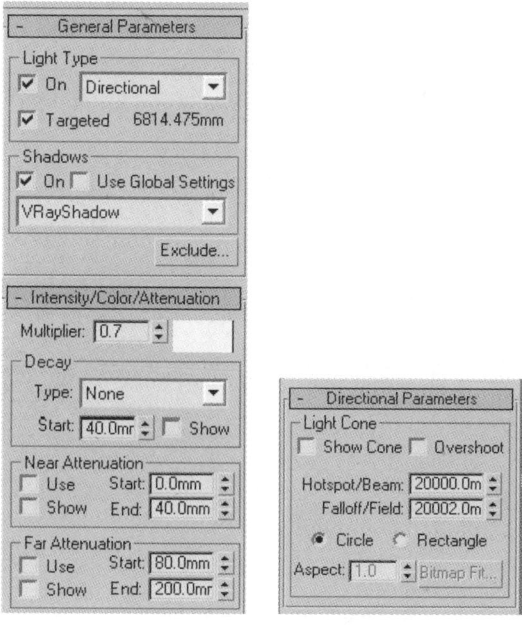

图10-22 服务台主光设置参数参考

（2）服务台辅光设置参数参考，如图10-23所示。

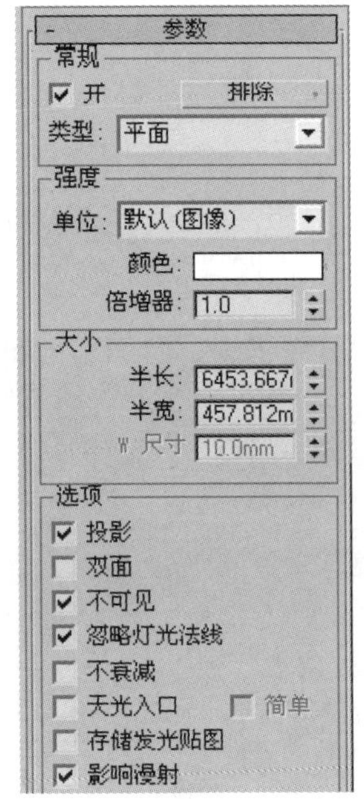

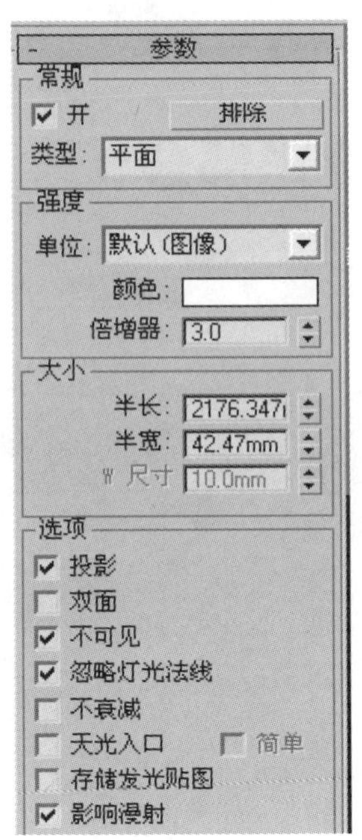

图10-23　服务台辅光设置参数参考

效果图制作只是一种设计的表达方式。同一种模型可以有几种不同的设置方式，请同学们掌握基本方法后进行尝试，也许会达到不同的效果。

10.2.2　材质部分

由于办公环境的特性，室内表面均为大理石及抛光花岗岩，材质调节参照9.3节中的地砖材质调节方法，本章不再重复。

10.3　设置出图

10.3.1　小样设置参数

为了制图方便、加快速度，我们将各种参数调节到最低，效果达到预想后再出大图，达到打印要求。所以小样参数在提高效率方面很重要。由于步骤需要，设置参数在9.4节室内效果图中的光源制作方法中已给出，这里不再重复。

10.3.2　大图设置参数

大图设置参数如图10-24所示。

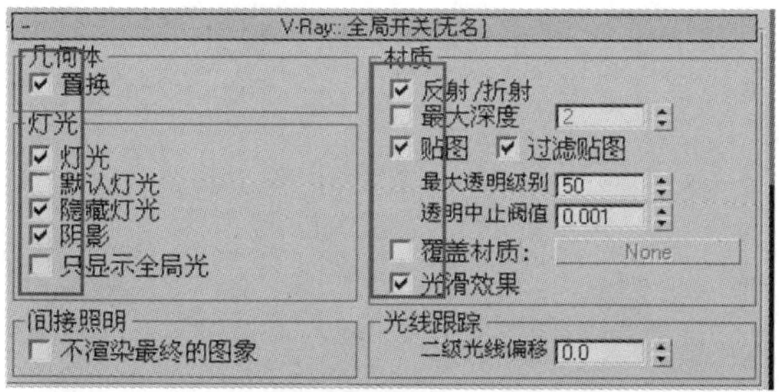

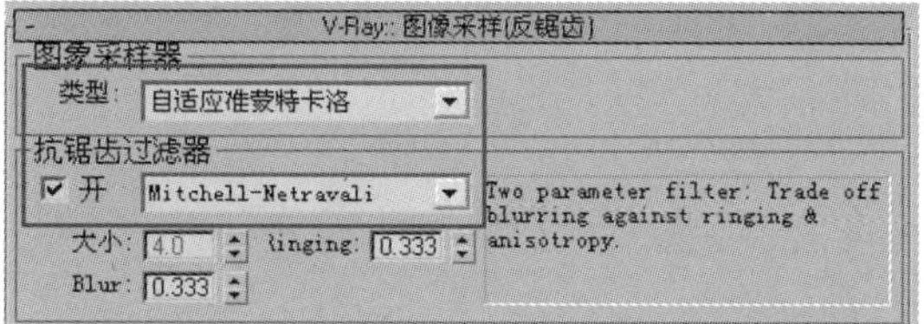

图10-24　大图设置参数